琵琶湖はいつできた

—地層が伝える過去の環境—

里口保文

もくじ

◆各章の内容と時代

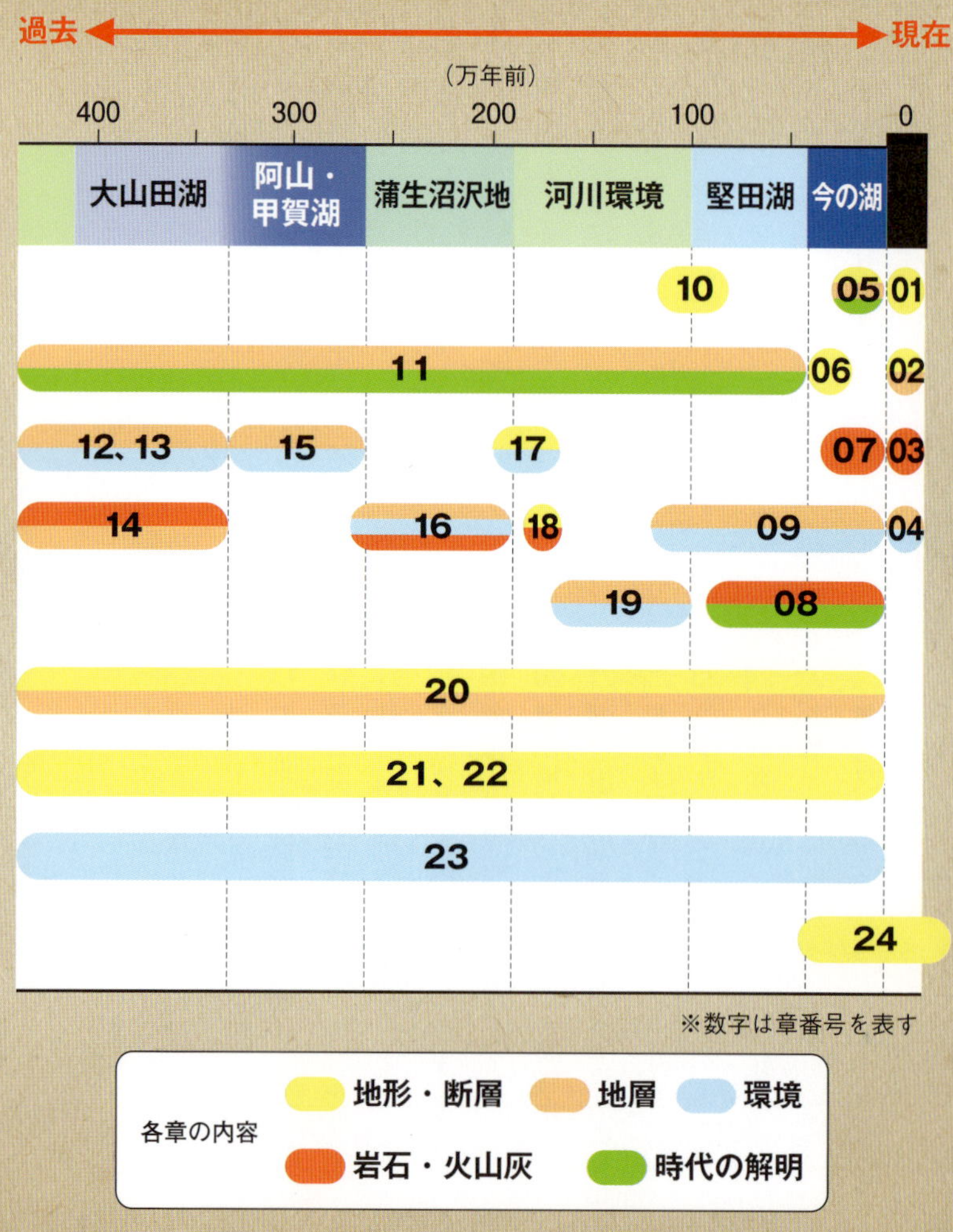
過去
現在
（万年前）
400
300
200
100
0
大山田湖
阿山・甲賀湖
蒲生沼沢地
河川環境
堅田湖
今の湖
10
05
01
11
06
02
12、13
15
17
07
03
14
16
18
09
04
19
08
20
21、22
23
24
※数字は章番号を表す
各章の内容
地形・断層
地層
環境
岩石・火山灰
時代の解明

はじめに

近畿地方の人びとにとって、少なくとも京都、大阪の方は、琵琶湖を水源として重要と感じているだろう。これは、琵琶湖が「広い」ということだけに特化した側面に過ぎない。琵琶湖は、湖底に縄文時代の遺跡がみつかるなど、古くから人との関係が深く、日本の歴史をひもとけばその重要な舞台ともなり、滋賀で古くから伝わる郷土料理の一つであるフナズシは、琵琶湖にしか生息しないニゴロブナを使ってつくられる。このように水源としてだけではない、長い歴史に根ざしたさまざまな魅力を持っている。

ニゴロブナは、地球上で琵琶湖にだけ生息する魚だ。このような特定の地域だけにいる生き物を、固有種という。固有種が生まれるためには、一般的には長い時間（10万年以上ともいわれる）他の地域と隔離されることが必要なのだそうだ。

本書は、琵琶湖の魅力のうち、「長い時間」を一つのテーマにしている。といっても歴史の本ではない。琵琶湖がどうやってできたのか、を探るものである。こういった地盤の成り立ちや過去の環境の歴史のことを「地史」という。つまり、本書は

琵琶湖の地史を探るものである。

一般にいう「昔」とは、どれくらいの長さなのだろう。「十年一昔」という言葉があるが、年をとってくると10年くらいの昔は「最近」だと思うようになってしまう。琵琶湖のでき方を考えるのに必要な時間は、先に出てきたニゴロブナがヒントになる。

ニゴロブナのような固有種が琵琶湖にいるということは、「長い時間」は必然的に数万年を超える。本書で扱う時間はもっと長く、数百万年という時間だ。現代のヒトという種が生まれてからでもまだ数十万年という時間である。琵琶湖の地史を考えるには、種としてのヒトの起源よりももっと長い時間が必要だ。

琵琶湖のでき方を理解するには、その記録媒体である地層だけが頼りだ。過去の琵琶湖やその周辺の環境、おいたちは、琵琶湖の湖底下や周辺の地盤になっている地層を調べることで理解できる。私たちが暮らす足下にある地盤は、岩盤や地層である。それらが語る言葉をなんとかして聞き取りたい。私が行っている研究とはそういうものである。地球が語る言葉に耳を傾ける。ただ、その言葉とはどんな言語かわからない。その手がかりは、多くの先人たちが語かどうかもわからない。単一の言

調べてきた研究成果だ。それをもとに、新たな手がかりを探す。方法は、野外を歩く、地層を観察する、離れた場所に点々とある崖の関係を考える、地域の地層の全体像を理解する、必要な試料を採取する、分析する、その結果をもとにまた野外調査をする、その繰り返しである。しかし、その繰り返しの中には、いくつもの新しい技術や考え方との出会いがある。つまり、同じ所をぐるぐる回っているのではなく、螺旋状に回りながら進んでいる。技術とは分析技術や、地層の調査技術のことである。新しい考え方とは、もっと別の視点に立ってみるということである。これらとの出会いは、今まで見えていなかったものが、見えるようになる瞬間でもある。新しい見方は、琵琶湖研究とはまったく違うところにもある。それはひょっとすると、世界のどこかで同じように悩んでいる研究者の小さな発見かもしれない。自然はいろんなものとつながりあって成り立っている。そのことを考えれば、世界中で行われているどの研究ともつながっている気がする。

本書が、みなさんにとって、新たな見方との出会いになれば幸いである。

01 琵琶湖はなぜここにあるか

琵琶湖は日本一広い湖である。そのような湖がこの場所にできた理由は、偶然かもしれない。しかし、偶然にできたとしても、この場所で広い湖になった原因はあるはずだ。

琵琶湖は、ほぼ滋賀県と同じ範囲から水が集められてくる。それは、滋賀県の周囲に山があり、中央に凹みがあるという地形のためだ。琵琶湖へそそぐ川は100を超える。これらは琵琶湖へ向かって流れていき、水をそそぐ。その水は琵琶湖でたまり、南端にある瀬田川から出ていく。通常、水はより低い場所へ流れようとするので、その方向は周りより低い場所である。しかし、琵琶湖にそそぐ川は、地形的に低いはずの琵琶湖の出口へ向かってはいない。

琵琶湖の東側は湖東平野とよばれる比較的平らな地形がある。そこを流れる野洲川や愛知川などの川は、鈴鹿山脈から西へまっすぐ向かっていき、琵琶湖に水をそそいでいる。このことは、琵琶湖の出口が地形的に低い場所、または、つねに低い地形を保つ場所ではない、ということを意味している。ではなぜ湖東平野の川は、出口へ向かわず琵琶湖へまっすぐ向かっていくのだろうか。

琵琶湖湖底の形をみると、琵琶湖大橋がある琵琶湖がくびれたあたりを境に、北側と南側で深さが大きく違う。この違いから、北側を北湖、南側を南湖とよんでいる。北湖も南湖も、そこへそそぐ川は湖の出口方向へ向かず、湖へ向かっている。湖底地形をよく見ると、南湖も北湖も西側の湖岸付近が深くなっていることがわかる。断面にすると、西側の湖岸は急に深くなっているが、東側へなだらかな斜面をつくっていることがわかる。これは、琵琶湖の西岸にある断層のためだと考えられている。西岸にある断層は、琵琶湖を深くするように動き、西岸より山側を高くする。そのため、この断層に近い場所は、その影響を受けて深く沈む。琵琶湖の東岸側は断層からやや離れているため、断層の近くより沈む量が少ない。そのために、琵琶湖の深い場所は西側に偏っている。琵琶湖がこの場所にある原因の一つは、琵琶湖の地盤を深く沈める西岸地域にある断層の運動による。

では、断層の運動などによって地盤が沈めば琵琶湖のような湖ができるのだろうか。答えは否だ。琵琶湖の周辺でいえば、滋賀県の西隣にある京都盆地も琵琶湖と同様に、山に囲まれ、地盤は長い時間をかけて沈んでいる。すなわち、条件は琵琶湖と同じといえる。しかし、京都盆地は現在でも多くの人びとが暮らしており、広い湖は存在しない。なぜか。

琵琶湖の水の流出口である瀬田川は、琵琶湖から京都へ流れる経路として、固い岩盤でできた高い山間を、細く抜けていく。つまり、水の出口はとても細くて水が流れにくくなっているということだ。琵琶湖の標準水位は標高約84mあり、山間を抜けた京都側の標高は10m程度である。このことはつまり、琵琶湖の流出口あたりの山が70mほどの高さを受け止めているとみることができる。京都盆地に湖がないのは、このようなせき止めをする山がないからである。琵琶湖の東部には人びとが住む平野が広がっているが、これは琵琶湖の水位に合わせて土砂も近江盆地にたまっているということである。つまり、琵琶湖の南方にある山は、琵琶湖の水だけではなく、土砂の排出もせき止めているといえる。

このように、琵琶湖が今の場所にある原因は、琵琶湖の西側にある断層の運動と、南にある山によるせき止めという2つのことが関係していそうだ。

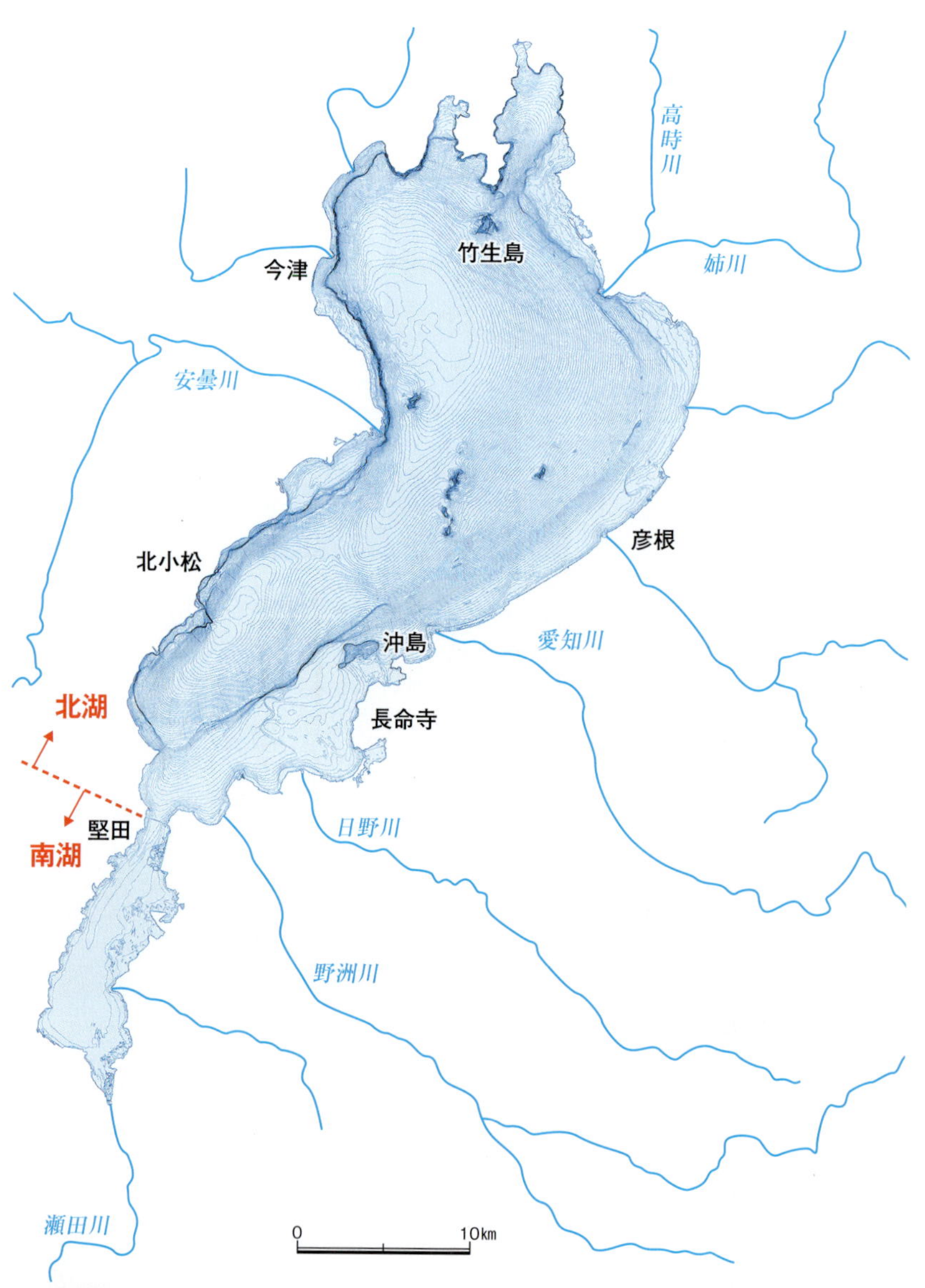

図1-1 琵琶湖の湖底地形と主要な川の位置図

琵琶湖の水の排出口は南端（瀬田川（せたがわ））にあるが、南部にある南湖は浅く、北湖は広く深い。琵琶湖へ向かう川は、琵琶湖の出口方向へは向いていない。湖底地形は国土地理院発行湖沼図「琵琶湖」1～21を合成して、加筆した。

図1-2 鹿跳橋付近からみた瀬田川

鹿跳橋は、琵琶湖から南へのびる瀬田川が西へ曲がる付近にある。この地形が示すように瀬田川は固い岩盤でできた山間の細い谷を抜けていく。

図1-3 天ヶ瀬ダム

ダムの上流と下流で水位が大きく違う。少なくとも、滋賀側と京都側で、天ヶ瀬ダム以上の標高差があることが実感できる。

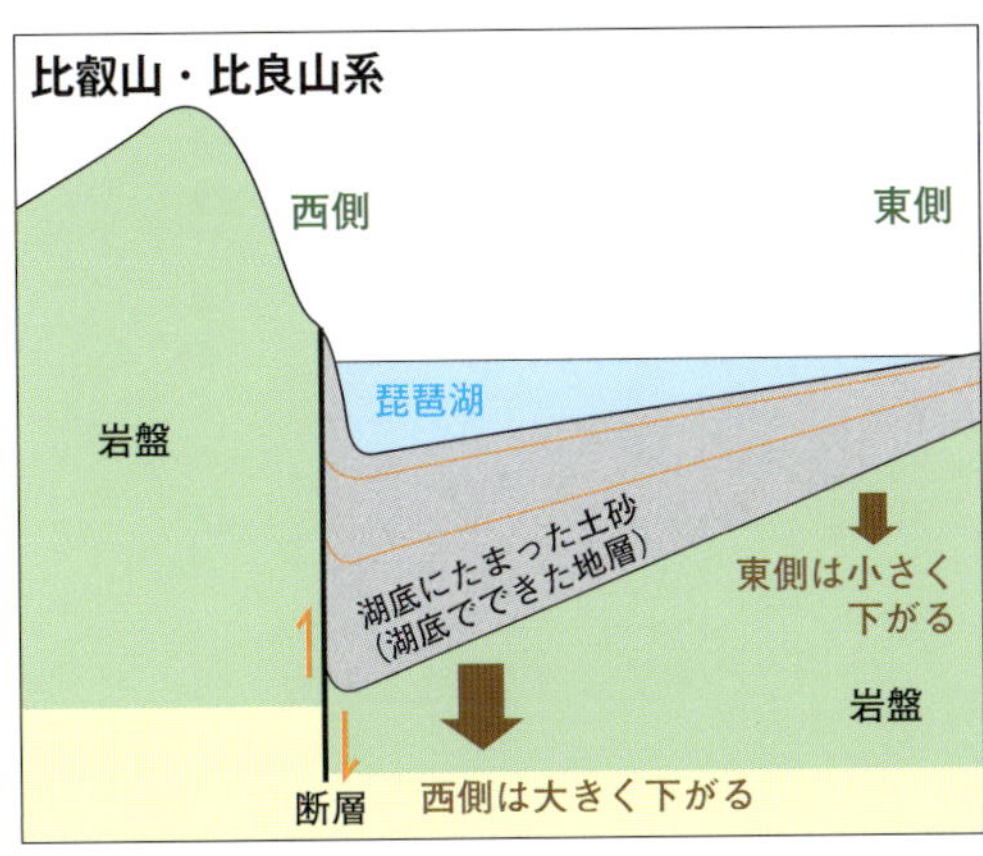

図1-4

琵琶湖の東西方向の断面を南から見たイメージ図

西部にある断層運動で、琵琶湖の地盤が下げられることで湖が深くなる。断層は湖の中ではなく、陸側にあることに注意。

02

湖の底をつくるもの

琵琶湖の南方にある山は、水だけではなく、土砂もせき止めている。琵琶湖の土砂は、いったいどれくらいたまっているのだろうか。

１９８０年頃に、湖の真ん中で湖底下の地層を深く掘って調べる（ボーリング調査）という、その当時は、世界にまだ例をみないすごい調査が行われた。湖の底を湖上から掘るのはとても難しい技術が必要だ。この調査は、琵琶湖１４００ｍボーリングと呼ばれ、堀江正治（ほりえしょうじ）さん（当時、京都大学）が中心になって行った。このボーリング調査によって、その地点での地下９００ｍは土砂による地層で、その下５００ｍほどは土砂を支える岩石（岩盤）だったことが理解された。その岩石は、琵琶湖の周りの山をつくる岩石の一部でもある。琵琶湖の真ん中では、土砂が９００ｍもたまっていることがわかった。琵琶湖の周りの平野は土砂がたまってできているが、そのような平野だけではなく、琵琶湖の底にも土砂がたまっているのである。このような土砂は、琵琶湖へ流れ込む河川が運んできたものだ。川は水だけではなく、土砂も一緒に運んでくる。いや、運んでくる主体は川の水の流れだ。このように、琵琶湖は川の流れによって運ばれてきた土砂によって、少しずつ埋められている。

土砂は湖岸付近や平野にもたまっている。南湖の東岸にある烏丸（からすま）半島（琵琶湖博物館がある場所）で行われたボーリング調査は、地下９００ｍまで掘られた。この場所では、その深さあたりに岩盤がある。とすると、南湖の湖岸と琵琶湖の真ん中では同じだけ土砂がたまっているということだ。であれば、琵琶湖の地下はどこでも９００ｍ土砂がたまっているのかと思ってしまうが、実はそうではない。なぜ違うとわかるのか。地下の状態を平面的に知る方法があるからだ。

前述した1980年頃のボーリング調査が行われる前に、琵琶湖の地下がどうなっているのかを知るための調査が行われた。湖の上から湖底に向かって圧縮した空気を湖底に向かって発し、帰ってくる振動を湖上で受けることで、地下の状態を知ることができる調査方法がある。それを堀江さんらの研究グループは、北湖全域にわたって調べた。その結果、地下に土砂がたまってできた地層の状態と、さらにその土砂をためた器ともいえる堅い岩盤の形が理解された。この調査でわかったことは、琵琶湖を支えている地下の岩盤は、意外にでこぼこしているということだ。つまり、琵琶湖の底をつくる地層の厚さは、場所によってまちまちだといえる。琵琶湖の真ん中と琵琶湖博物館がある烏丸半島の地下をつくる地層の厚さが、どういうわけかどちらも約900mなのは単なる偶然だということがわかる。なお、これら2つの地点の地層は、同じ厚さだが、そのできはじめた時代、つまり土砂がたまり始めた時期は、違っている。

また、地下の岩盤のでこぼこは、琵琶湖の湖上に沖島（おきしま）や竹生島（ちくぶじま）がある理由も教えてくれる。湖上に浮かんでいるようにみえるこれらの島は、もちろん湖に浮かんでいるわけではない。湖底をつくる地層を支える岩盤のでこぼこの高まりが、水面より上まで伸びているのが、これらの島なのだ。ではなぜ地下の岩盤はでこぼこしているのか。これは、琵琶湖ができる以前のことを考える必要がある。実は、沖島や竹生島は琵琶湖ができる前にあった山の頂上なのだ。

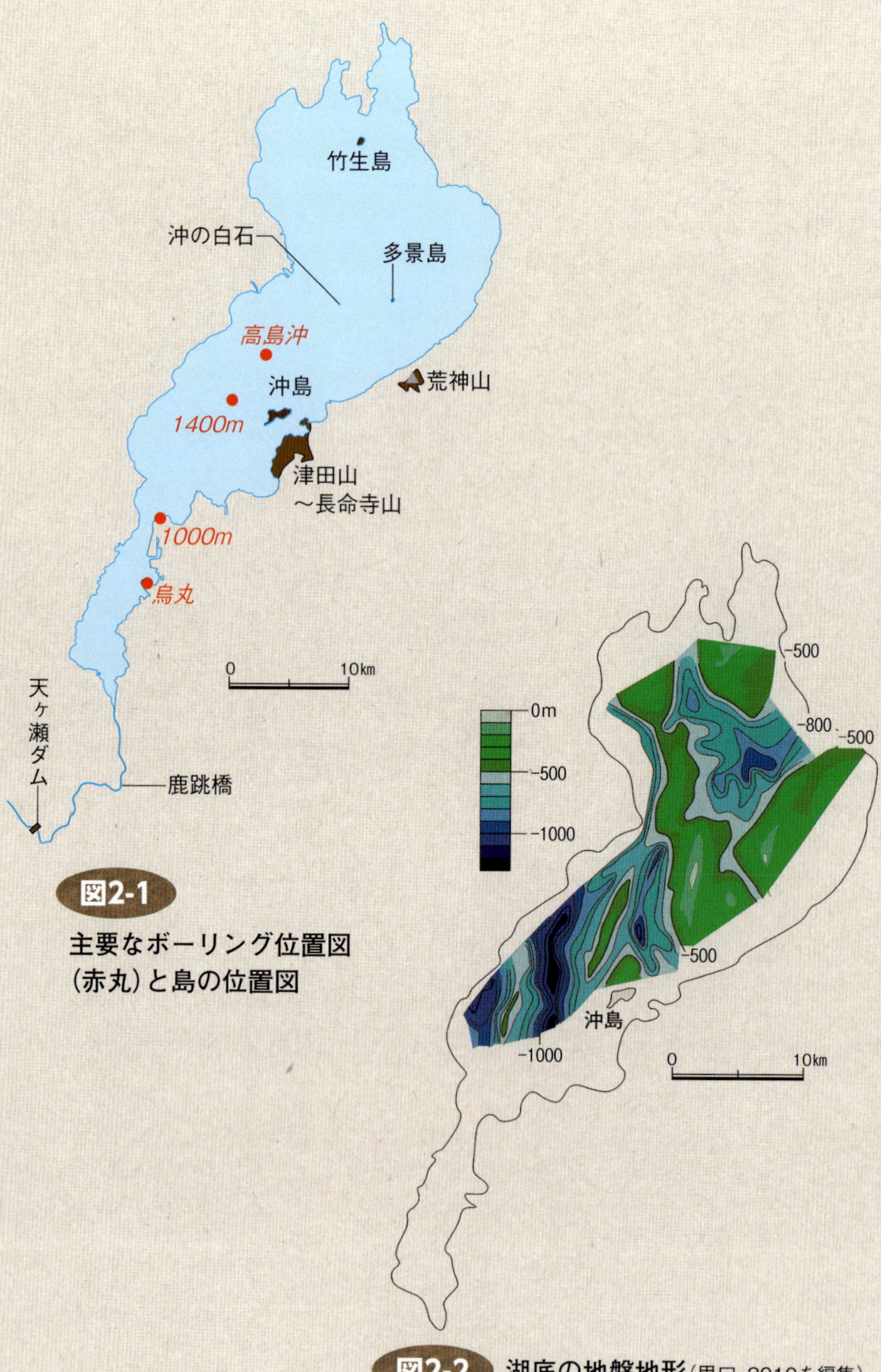

図2-1

主要なボーリング位置図（赤丸）と島の位置図

図2-2 **湖底の地盤地形**（里口, 2010を編集）

琵琶湖にたまっている土砂を全部取り除いた時に現れる岩盤による凸凹。琵琶湖の底には、琵琶湖ができる以前の地形が残されている。

図2-3 琵琶湖の沖合からみた竹生島

背景に琵琶湖北部の山々が見えているが、地つづきではない。

図2-4 多景島（たけしま）

湖に浮いているようにもみえるが、岩盤の島で、湖底下へ続いている。

図2-5 沖の白石（しらいし）

島の名はないが、でき方は他の島と同じ。

図2-6 対岸からみた沖島

人が暮らす琵琶湖で最大の島。

琵琶湖を支える岩盤

琵琶湖の水面から頭を出している島は、竹生島、多景島、沖島がある。そのほか、水面から出ている陸地という意味では沖の白石がある。これらの島は、先に解説したとおり、この地域に琵琶湖ができる以前の山の頂上部分の名残で、島は岩石でできている。これらの岩石の種類は、この地域の地質をまとめた産業技術総合研究所の地質センターが発行する地質図で知ることができる。それらによると竹生島と多景島は花崗岩、沖島は花崗閃緑斑岩と溶結凝灰岩の2種類、沖の白石は溶結凝灰岩でできているようだ。これらの岩石はいずれも火山の活動によってできたものである。

火山は、その活動のもとになる高温のマグマを地下にもっている。マグマは岩石が高温で溶けたどろどろの状態（液体）にあるものだ。これが地上に放出される活動が火山噴火である。しかし、地下にあるマグマは、噴火をしない間、冷たい地下にあるので、徐々に熱を奪われてゆっくりと冷たくなっていく。マグマが冷えてくると結晶化して鉱物をつくりながら固まる。このようにして、地下にマグマをおいたままの火山の活動によって、マグマは地下で鉱物をつくり、ほぼ同じ大きさの鉱物ばかりでできた岩石をつくる。竹生島と多景島をつくる花崗岩は、このようにして地下に残ったマグマがゆっくりと冷えることでできた岩石である。沖島の一部をつくる花崗閃緑斑岩も花崗岩と同様に、マグマが地下で冷えて固まってできたものだが、地下の割れ目などに入り込んだマグマがやや早く冷えて固まってできたと考えられている。

それに対して、沖島の一部や沖の白石をつくる溶結凝灰岩は、小さな鉱物のほか、鉱物が確認できない部分もある。また、場所によっては、岩石のかけらが入っていることがある。過去の研究をひもとくと、1970年代頃までこれらがどういう岩石かはっきりしていなかった。この地域の岩石調査をしていた三村弘二さん（当時、地質調査所）は、花崗岩のもとになったマグマの一部が、過去の大規模な噴火で火山灰が放出されてできた溶結凝灰岩だと考えた。また、この地域にみられる溶結凝灰岩は、ある時代の火山活動を表す岩石との考えからそれらをひとまとめに「湖東流紋岩類」とよんだ。湖東に分布する流紋岩類という意味である。ちょっとわかりにくい話だが、「流紋岩」という名称は「溶結凝灰岩」とは異なった別の岩石を示している。この名称は、流紋岩ではなく流紋岩類（流紋岩の性質をもった岩石）であることに注意が必要である。湖東流紋岩類とよばれるこれらの溶結凝灰岩は、成分的には、この地域にある花崗岩や斑岩に似ている。いずれも時代は8000万～7000万年前頃にできたと考えられている。

　このように、琵琶湖の水面から突出した島は、火山活動に関係してできた岩石でできている。しかし、琵琶湖と底にたまった土砂を支えている岩石のすべてが火山活動によってできた岩石というわけではない。たとえば、琵琶湖の真ん中付近の地下にある岩石は、火山活動が起きるよりもっと昔に、海でたまった泥や砂が岩石になったものでできていた。これは、琵琶湖周辺の山をつくる岩石としても見られるものである。つまり、琵琶湖や湖東平野などを含むこの地域は、山などに見られるさまざまな岩盤によって支えられているといえる。その岩盤が凸凹しているために、時には琵琶湖に浮かぶ島にみえるが、ほとんどの岩石は、琵琶湖を地下で支えている。

図3-1 竹生島をつくる花崗岩（かこうがん）という岩石

琵琶湖周辺の山ではよくみられる。写真は、瀬田川をやや下ったあたりにある鹿跳橋付近にみられる花崗岩。

図3-2 湖東流紋岩の一つ荒神山溶結凝灰岩（こうじんやまようけつぎょうかいがん）

沖の白石はこの岩石でできている。写真は荒神山のものだが、荒神山で見られる岩石は雨風でぼろぼろになっていることが多い。

図3-3

奥島山～長命寺山付近に見られる花崗閃緑斑岩

沖島の半分はこの岩石でできている。

図3-4

沖島の半分をつくる溶結凝灰岩（沖島溶結凝灰岩）

写真は津田山付近で観察したもの。

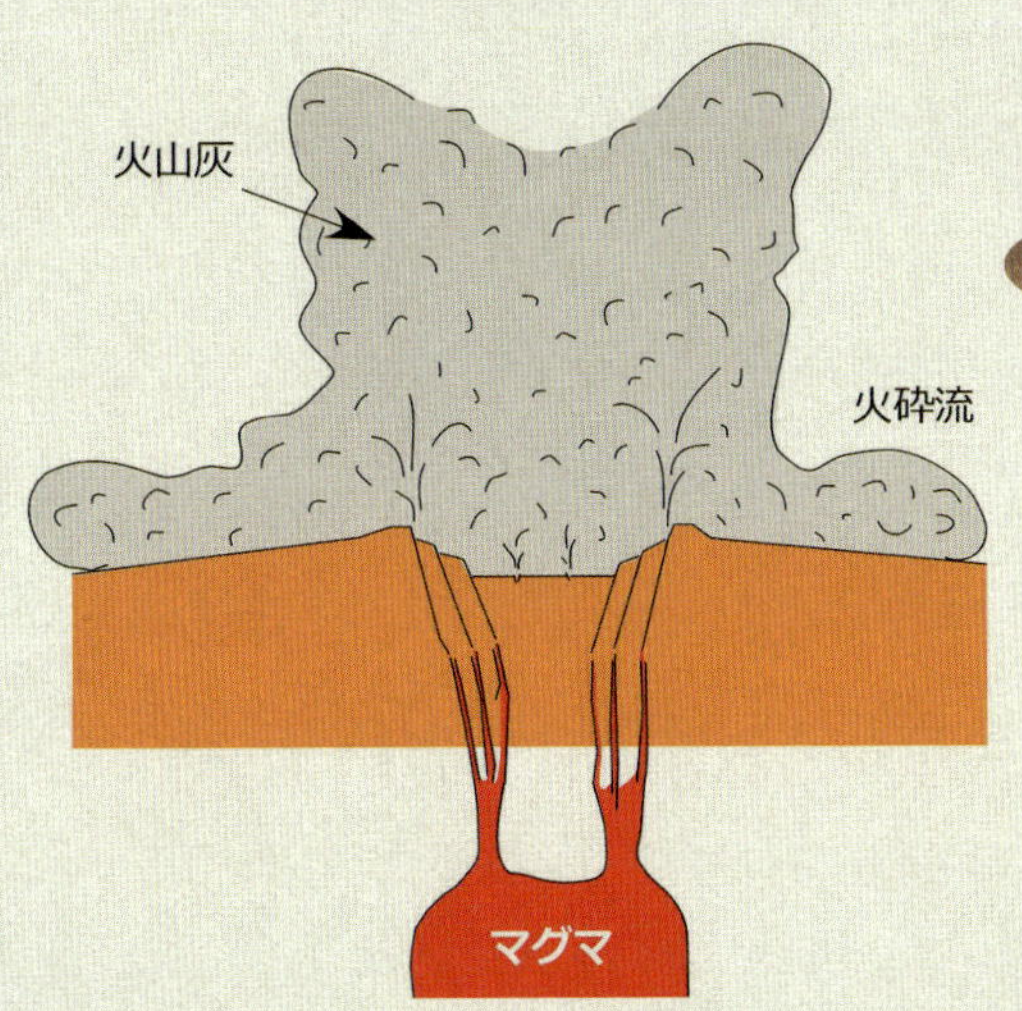

図3-5 **火山とマグマの関係**

火山の地下には、岩石が高温で溶けた状態のマグマがある（マグマだまり）。湖東流紋岩類と名づけられた溶結凝灰岩ができるのは、7000万年前のカルデラをつくる火山噴火によってできたと考えられている。大規模な噴火によりマグマが霧吹き状に出ることで、粉状の火山灰になる。火山灰と高温の火山ガスは地上へ落ちてきた時に非常に速い流れで動く火砕流を起こす。溶結凝灰岩はこのような現象の後にできたと考えられている。

04 湖底の土砂は場所によって違う

湖底には土砂がたまっている。たまっている土砂は、場所によってやや違う。何が違うのか。主には粒の大きさ（粒径）である。たとえば、湖の沖合では、非常に細かい泥がたまる。そのため、ほとんど細かい泥だけでできた地層が見られる。それに対して、湖岸付近には砂がたまる。そのため、野洲川や愛知川、姉川などの河口付近には、砂でできた中州が見られる。そのため湖岸の多くの場所では、砂浜が見られる。また、湖岸付近のやや沖合の湖底でも同じように砂がたまっている。湖東地域、たとえば愛知川河口沖合には、湖岸から1・5㎞ほど離れた水深20mのところでも砂がたまっている。このような砂は、湖岸付近にたまった後に、琵琶湖の波浪の影響などを受けて沖合へ運ばれているようだが、これらの砂や沖合の泥は、基本的には琵琶湖へそそぐ川が湖まで運んできたものだ。

川が運んできた土砂は、基本的にはその流れによって運ばれる。運ぶことができる土砂は、流れる水の強さ（速さと考えてもだいたい合っている）によって決まる。もちろん、強い流れは、弱い流れよりもより重たいものを動かすことができる。土砂の重さは、ざっくりいうと粒径（粒の大きさ）によるので、強い流れは大きな粒を動かし、逆に弱い流れはその大きさを動かせず、より小さなものだけを動かす。泥は砂よりも粒が小さい。地質学では、泥と砂の違いは、その大きさが1／16㎜を境にして小さいものを泥、大きなものを砂、と決めている。だいたいでいうと、目で見て粒の大きさが見えるか見えないかで分かれる。なお、砂は粒径2㎜までの大きさで、それ以上のものは礫という。

川は大きく見れば河口に近づくにつれて流れが遅くなる。そのため、それまで運んできた大きな粒の礫や砂は、流れが緩やかになったところで動かせなくなる。川から湖に入るとどうなるだろう。川には水の流れがあるが、湖は水がたまっている場所なので、基本的には流れはない。すると、そこまで流れで運ばれてきた土砂は、湖に入ったとたんに動かす力を失い、大きな粒は、湖岸で止まってしまう。大洪水などで水が多量に流され、土砂が混ざった泥水が流れている場合は、少し沖合まで流れの余韻（よいん）が続くので、砂でも流されていくが、通常は湖岸付近でたまる。泥はというと、流れてきた勢いで湖中に入った後、そのまま湖を漂（ただよ）い、なかなか沈まないで沖合まで流れていく。そのため、琵琶湖の沖合の真ん中あたりまで運ばれる。逆に言えば、沖合には泥だけが運ばれてたまる。つまり、場所によってたまる土砂は、粒の大きさに違いがあるということだ。

地層は土砂がたまることでつくられるので、地層ができた場所によって見かけが違っているはずだ。実際に、現在地層ができている環境、たとえば川の流れているところ、中州、湿地、湖岸、沖合の湖底、などですべて違う見かけの地層ができていることが確認されている。このようなことから、野外で見られる地層、つまり過去に土砂がたまってつくられた地層を調べることで、当時の環境を推定する研究が行われている。琵琶湖のおいたち研究の基本といってもよいだろう。

琵琶湖の底にあるのは、一言でいって土砂なのであるが、その土砂がつくる地層の見かけは粒の大きさ以外に、層の厚さや組み合わせなどが違っている。だが、基本的には、沖合は細かい泥、湖岸に近いほど粗（あら）い砂がたまっているといえるだろう。ただし、琵琶湖には海と同様に大きな波が立つので、それほど単純にはいかない。

図4-1 琵琶湖湖岸の砂浜(米原市)

琵琶湖の東側の湖岸は砂浜が発達し、他に礫浜などが見られる。いずれも川が運んできた土砂のうち、粒の大きなものが湖岸に残され、波の作用によって広がっていく。

図4-2 姉川河口付近に見られる中州

川が運んできたものが、湖岸付近で流れが弱まった時に、たまたま残された粒が大きいものが障壁となって、その周りに土砂がたまっていく。

図4-4 琵琶湖湖底の泥

愛知川河口から約３km 沖（水深約 45m）の湖底から採取した堆積物。均質な泥でできている。左側は水分を含んだ状態で、右側は乾燥させたもの。乾燥させたものはやや縮んでいる。粒子の違いがなく全体的に均質な泥でできているので、地層の境界がみられない。

図4-3 愛知川河口から約1.5km沖（水深約20m）の湖底から採取した堆積物

植物の破片が混じる砂でできている。左側が水分を含んだ状態で、右側はそれを乾燥させたもの。乾燥していると粒子が詳しく観察できる。縦の長さ約10cm。

図4-5

琵琶湖湖岸で見られる波
（米原市）

北湖はその広さによって大きな波が起きる。とくに冬は風が強く波がより大きくなる。

05

広い湖はいつ頃から

琵琶湖には、ここにしかいない生き物がいる。たとえば、魚ではフナズシに使われるニゴロブナや、ナマズとして日本で一番大きなビワコオオナマズなどだ。これらの生き物は固有種とよばれている。

固有種がいる湖は、非常に長い間、湖でありつづけた歴史をもっているとされている。なぜなら、その地域の環境に適応する固有の生き物が生まれるには、長い時間がかかると考えられているからだ。では、琵琶湖はどれくらい前からあるのだろう。

琵琶湖の年齢を調べるには、琵琶湖が記録してきたそれ自身のおいたちをたどることが必要だ。とはいえ、過去の人びとが残した記録では、すでに琵琶湖ができていた。つまり、湖のおいたちは、人の記録よりも古くまでたどる必要がありそうだ。人ではないものが残すことができる昔の湖の環境記録は、自身がためた土砂でつくられた地層にある。現在の琵琶湖は、砂や泥のたまる場所が違うことを前述した。このことは、過去につられた地層にも適用できる。つまり、地層を調べることで、それができた環境を読み解くことができるのだ。

琵琶湖の真ん中で行われたボーリング調査は、その地下にある地層がどのようなものでできているのかを明らかにした。その地点での地層の厚さは、約900mだが、その上部、湖底から地下約250mまでは細かい泥でできていた。現在のその場所付近では、今も細かい泥がたまっている。つまり、250mもの厚さになる細かい泥は、現在を含めてこの泥をためている期間中ずっと、湖の沖合という環境を継続してきたことを意味する。さらに、泥の地層の一番底、つまり湖底から約２５０ｍ下は、その場所が現在まで続く湖の沖合環境になったはじめの時期を表している。この年代がわかれば、琵琶湖の中央部付近に、いつ湖が広がったのか。その疑問が解けるはずだ。これはいったいいつのでき事だろうか。

この問題は大変むずかしい問題だった。ボーリング調査の後、９００ｍもの地層について、それができた時間や、湖底から２５０ｍ下の年代を調べるさまざまな研究が行われた。また、その年代は、科学の進歩とともに書き換えられてきた。現在の考えでは、９００ｍ下付近は百数十万年間にできたもので、細かい泥の地層の一番下、つまり２５０ｍ下は、約43万年前のものと考えられている。２５０ｍ分の泥の地層の年齢は、いくつかの方法で確かめられている。そのうちの一つは詳しく年代がわかっている火山灰層を見いだしたことである。また、それらの時間指標となる火山灰層をもとに、地層ができた時代の骨格をつくった後、地層中の花粉や珪藻(けいそう)など肉眼では見えない小さな化石や、地層の有機物成分などから世界の気候変化との関係を検討して明らかになってきた。この年代については、より詳細な花粉化石による過去の琵琶湖周辺の気候変化を知る研究や、珪藻化石による琵琶湖での珪藻生産量の研究などからも、同様の結果が得られている。そのことから、少なくとも、現在の琵琶湖のように滋賀県北部まで湖が広くなったのは、43万年前だといえそうだ。

では、琵琶湖のおいたちは43万年前からといってよいのだろうか。

図5-1 琵琶湖だけに生息するニゴロブナ

滋賀県の郷土料理の一つフナズシに使われる。滋賀県立琵琶湖博物館の水族展示にて撮影。

図5-2 琵琶湖だけに生息するビワコオオナマズ

滋賀県立琵琶湖博物館の水族展示にて撮影。

図5-3 伊吹山（いぶきやま）山頂付近（標高1377m）からみた琵琶湖

図5-4 琵琶湖北湖の中央付近で行われた1400mボーリングで得られた地層資料（ボーリングコア）

湖底下 180m 付近のもの（竹村恵二氏提供）。このボーリングによって、この付近では湖底下 250m まで均質な泥がたまっていることがわかった。

06

細長い琵琶湖

琵琶湖が現在のように広い湖になったのは約43万年前だと考えられている。この考えは、琵琶湖の中央部で行われたボーリング調査によるものだ。ただし、ここからわかることは、ボーリングを行った場所が湖になった年代であって、現在の形になった時代ではない。では、43万年前の琵琶湖は現在の形とはどう違っていたのだろうか。

実際には、この時期に湖がどの範囲まで広がったかの詳細はわかっていない。しかし、この頃にはまだ今ほどは広くなかったことがわかっている。竹村恵二(たけむらけいじ)さん（当時、京都大学）のグループは、2008年頃に沖島の北方約1・5～2㎞の地点でボーリング調査を行っている。この調査では、愛知川(えちがわ)河口から約4・3㎞（水深48ｍ、A地点とする）と約4・8㎞（水深53ｍ、B地点）の2カ所で湖底下の地層の観察を行ったところ、A地点では約63ｍの深さまで、B地点では約89ｍの深さまでは沖合でたまる細かい泥でできていることがわかった。それより深い位置にある地層は、両地点ともに湖岸付近にたまる砂でできていた。これらの地層は、それぞれの地点が、湖岸近くの環境から沖合の環境へと変化していったことを教えてくれる。問題は、泥の地層の一番下がたまった時代だ。

これらの地点のボーリング調査で得られた地層中には火山灰層が見つかっている。この火山灰層の年代がわかれば、泥がたまり始めた、つまりその場所の環境が変わった時期がわかるはずだ。これまでに琵琶湖の湖底下を調べるボーリング調査がいくつか行われてきた。そのうち、井内美郎(いのうちよしお)さん（当時、地質調査所）のグループによって行われた通称「高島沖(たかしまおき)ボーリング」といわれる１９９１年頃の調査が、琵琶湖湖底下の火山灰層の年代を知る上で重要だ。この調査では、吉川周作さん（当時、大阪市立大学）が、それまでに近畿地方で知られていなかった多くの火山灰層を記載した。この当時、私は大学で吉川さんの講義を受けていたが、「最近面白い研究をしている」と話されていたことが今でも印象に残っている。この研究によって、43万年の間に70回以上火山灰が降ったことが示され、その後、福島大学の長橋良隆さんのグループは、年代データを総合的に検討し、それぞれの火山灰層の年代を詳細に推定した。この年代は、琵琶湖地域の基準になるものといえるだろう。

沖島の北方で行われたボーリング調査では、高島沖ボーリングで見つかった火山灰層と同じものが見いだされたことから、その年代を適応することができる。それらの火山灰層の年代から考えると、泥がたまり始めたのはA地点は約21万年前、B地点は約30万年前である。つまり、両地点の時代が違っていたのだ。A地点はB地点よりも約７００m湖岸に近い場所にある。そのことから、現在の湖岸に近い方が、湖の沖合環境になった時期は、より後の時期といえる。竹村恵二さんのグループが行った研究結果からは、琵琶湖は長い目でみれば、東の方へ広がってきているといえるだろう。A地点とB地点でみれば、約9万年の時間がかかって湖が広がったことがわかる。この結果から、40万年前には少なくともB地点よりは沖合に湖岸があったことが予想される。

その結果を考えれば、現在の北湖地域まで広がった約40万年前の琵琶湖は、現在よりももっとやせ細っていたと考えられる。それが、時代とともに東方へ広がり、現在のような幅の広い湖になったと考えられる。ただ、残念ながら北湖のどのあたりまで広がっていたのかは、いまだもって謎である。

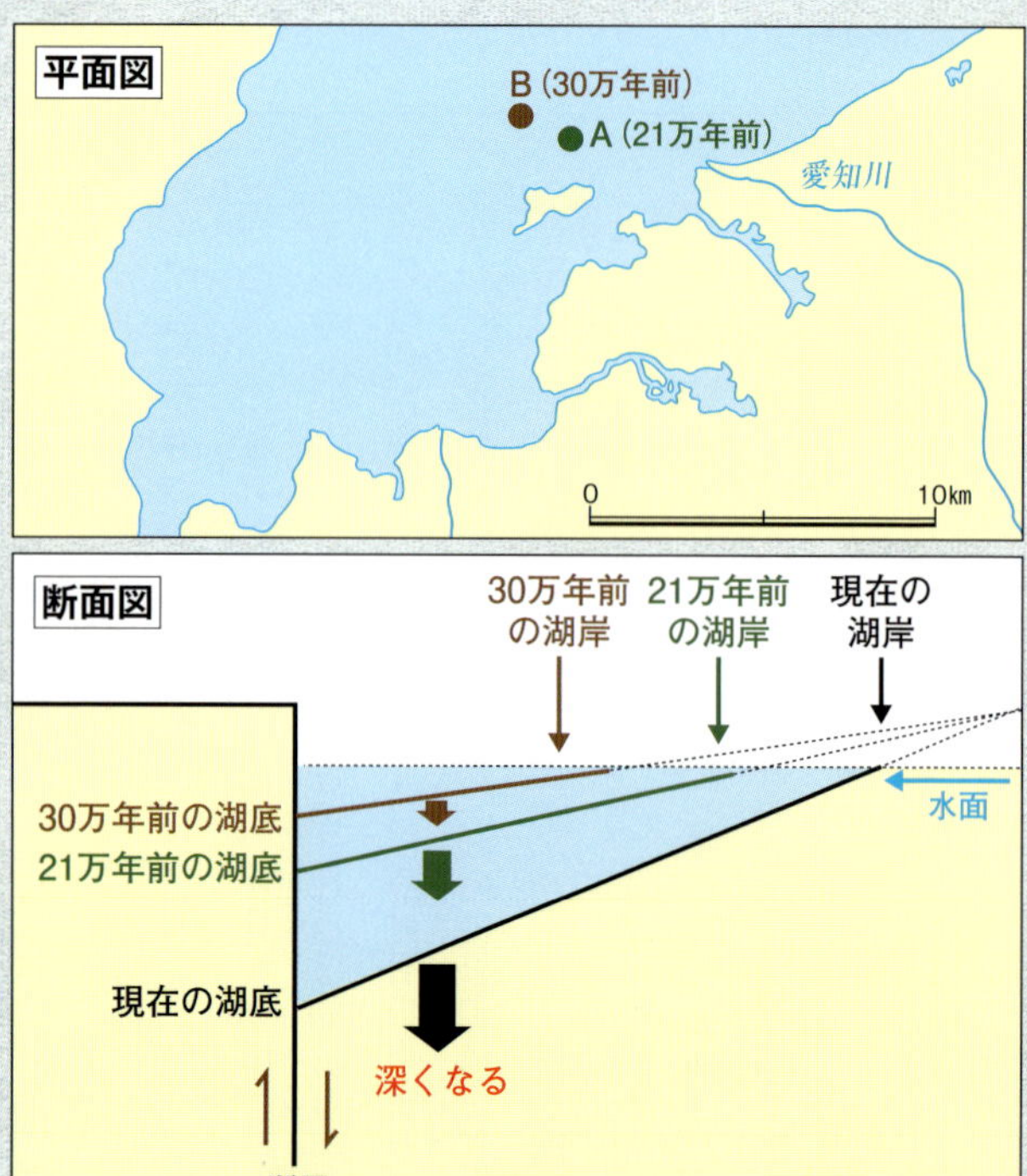

図6-1

湖底ボーリング調査で推定される過去の湖岸の位置
（竹村ほか（2010）をもとに推定）

年代とともに、琵琶湖が東へ広がってきたことが理解される。

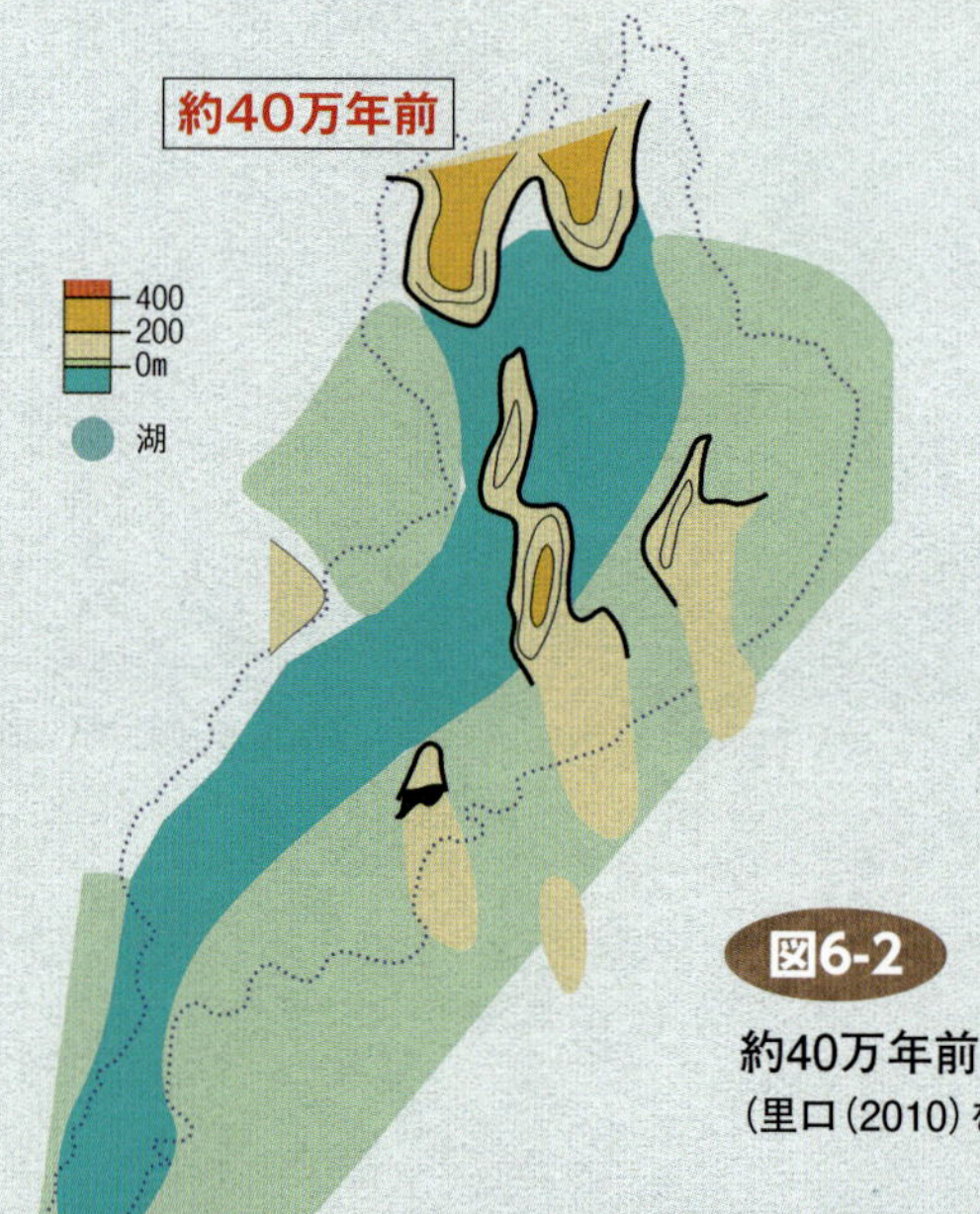

図6-2

約40万年前の琵琶湖の形の推定図
（里口（2010）をもとに作成）

図6-3 **琵琶湖湖底下にある鬼界アカホヤ火山灰層**
（井内美郎氏により2012年に堀削されたボーリングコア）

鬼界アカホヤ火山灰は、約 7300 年前に現在の鹿児島県沖合の薩摩硫黄島、竹島付近にある鬼界カルデラの噴火によって西日本から関東にかけて広く降った火山灰。

図6-4 **琵琶湖の湖底ボーリング調査**（竹村恵二氏により2008年実施）

湖底の地層を採取する方法はいくつかあるが、地層を縦方向に細長く採取するボーリング調査は、台船という広いスペースが確保できる船を湖上に固定して、機材を下ろして掘削する。波などの影響を受けながら船が揺れるなかで、湖上からは見えない湖底まで機材を下ろして深く正確に掘るには、大変な技術が必要。

07
湖底に残る火山噴火の証拠

琵琶湖の周りには火山はない。しかし、琵琶湖の底にある地層には火山灰層がはさまっている。これらは琵琶湖の年齢を知る年代指標ともなっており、1980年代のボーリングを行った堀江正治さんのグループや、その後の井内美郎さんのグループによって、70以上の火山灰層がみつかっている。なぜ琵琶湖の底に火山灰層があるのだろうか。

日本にはたくさんの火山がある。現在でも、九州南部にある鹿児島湾の桜島は、しばしば噴火をし、もくもくと煙のようなものをあげる。煙の正体は、水蒸気や二酸化炭素などを含む火山ガスと呼ばれる気体と、粉状の物質である火山灰だ。桜島が噴火すると、鹿児島の方々は火山灰が降ってくる対応をしなければならない。火山灰は漢字で「火山」の「灰」と書くが、その正体は粉々になった岩石である。

ハワイなどで見られる火山噴火では、赤いどろどろしたものが流れ出てくることがある。これは、数百℃から1000℃近い温度のために溶けてしまった岩石だ。これは、火山の地下にある「マグマ」が噴火によって出てきたものだ。火山灰は、基本的にマグマからできている。どろどろの溶岩のようなイメージがあるマグマは、溶岩を流す火山噴火よりも爆発的な噴火をすると、霧吹きで吹いたように小さな粒として空に舞い上がる。空中に舞ったマグマの粒は、急激に冷やされて粉の状態になる。それが火山灰である。

近年の日本では、中部山岳地域や九州地方などで、火山の噴火活動が見られる。それらは場合によっては、大きな災害を引き起こすことがあった。しかし、それらの噴火で噴出した火山灰が、琵琶湖で降ったという話は聞かない。現在の火山では琵琶湖に火山灰を降らせることができないのであれば、琵琶湖へ火山灰を降らせた火山はどこにあったのか。

日本のさまざまな場所で地層中の火山灰が見つかっている。これらの火山灰の特徴を明らかにすることで、互いに離れた場所にあるたくさんの火山灰から、同じものを見つける研究が古くから行われてきた。その研究で最も大きな発見が1976年にあった。町田洋さん（当時、東京都立大学）と新井房夫さん（当時、群馬大学）は、南九州で数十mもある台地の地盤になっている火山灰と、関東で見つかる薄い火山灰層は同じものでできていることを発見した。この火山灰は、おそらく日本で一番有名な火山灰で、「姶良Tn火山灰」という名称がつけられている。「姶良」は桜島付近にあるカルデラの名称で、Tnは「丹沢」を略した記号で、2つの地域名で名前がつけられている。この火山灰は、北は青森県でも見つかっていることから、九州から本州全体にわたって広がったことがわかる。噴火した年代は、さまざまな研究が行われてきたが、現在の見解では約3万年前とされている。このように広い範囲にわたって降った火山灰は、詳しい年代が調べられている。その年代から、同じ火山灰を地層中に見つけられれば、その地層の年代を特定できる。火山灰から年代を調べる方法の一つが、同じ火山灰を見つける「火山灰対比」という方法だ。姶良Tn火山灰は、琵琶湖の泥の地層中でも見つかっている。このように、数百kmも離れた場所にある火山の噴火が、琵琶湖に火山灰を降らせることができる。琵琶湖には、43万年間に少なくとも70回は火山灰が降った。これらのうち、いくつかについては、それをもたらした火山の場所がわかっている。九州や山陰地域が多いのだが、伊豆半島や韓国の鬱陵島などからきているものもある。

図7-1 **桜島の噴火**
（2009年12月）

鹿児島県の桜島は現在でも活動中の火山で、火山灰を噴出する噴火をしばしば起こす。写真は遠方から撮影したもので、噴火によって上昇した火山灰が、上空の風によって広がっていく様子がわかる。

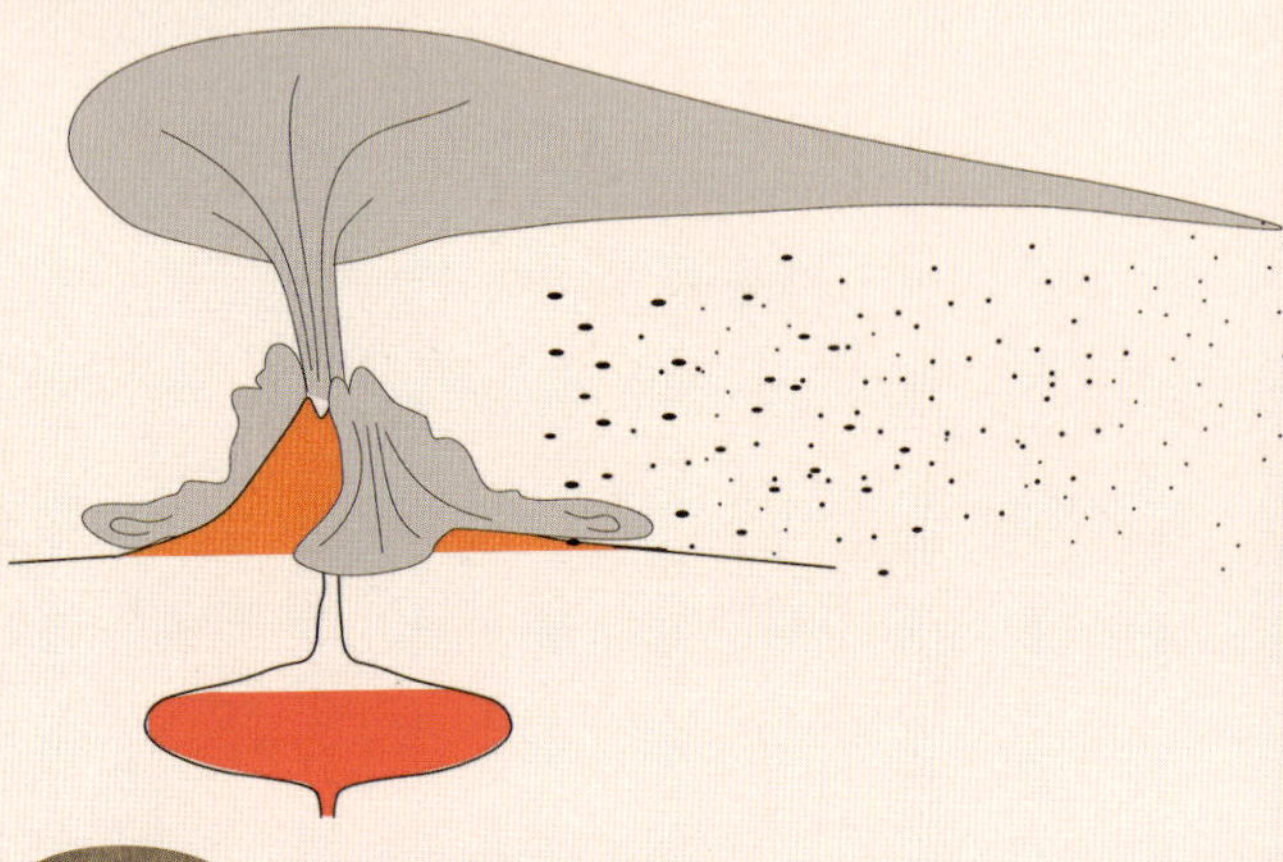

図7-2 **火山噴火のイメージ図**

火山噴火によって、火山の地下にあるマグマが霧吹き状に噴出して火山灰になり、上空高く巻き上げられた火山灰は、風によって遠方へ運ばれる。日本付近の上空には、偏西風（へんせいふう）という東向きの風が流れているので、東方向へ広がることが多い。より高くまであがった火山灰は落ちるまでに時間がかかるため、より遠くまで飛んでいく。高く上げるには爆発力が大きい必要があるため、大規模な噴火ほど、広い範囲に分布する火山灰になる（広い範囲で同じ火山灰がみつかる）。

図7-3 **琵琶湖湖底下にある姶良（あいら）Tn火山灰層**
（井内美郎氏により2012年に堀削されたボーリングコア）

姶良 Tn 火山灰は、約３万年前に現在の鹿児島湾奥を構成する姶良カルデラの噴火によって噴出し、青森県まで分布が知られている。この噴火で鹿児島湾ができ、その後に桜島火山ができたと考えられている。

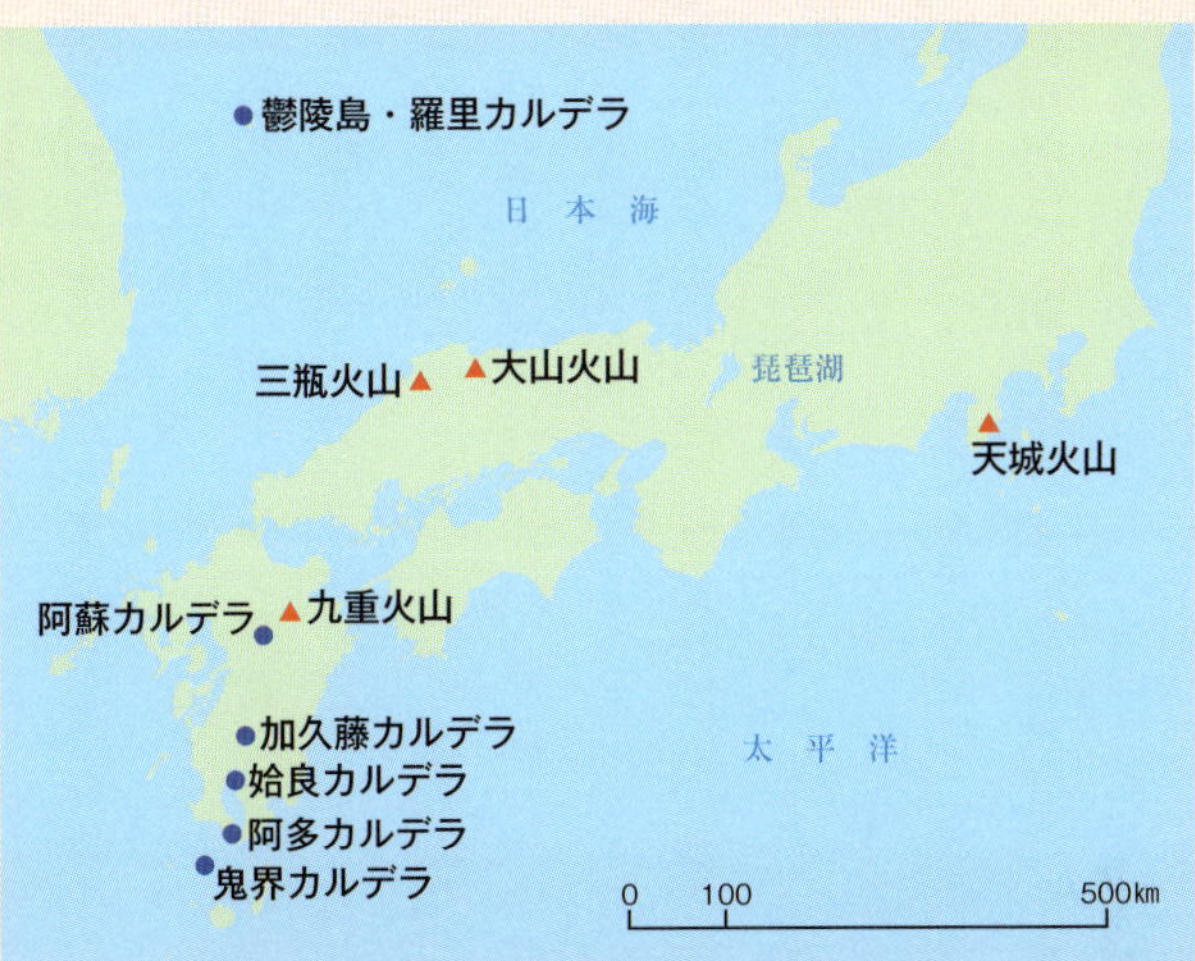

図7-4 40万年前から現在まで琵琶湖に火山灰を降らせた火山の位置図
（高橋正樹・小林哲夫編集「フィールドガイド日本の火山」の(1)、(5)、(6)を参考に作図）

ほとんどが琵琶湖の西側にある火山なのは、日本の上空に偏西風が吹いていることで、東方向へ広がるため。伊豆半島の火山噴火による火山灰があるのは、当時の一時的な風向き（たとえば、台風など）のためとの考えがある（西田ほか，1993）。

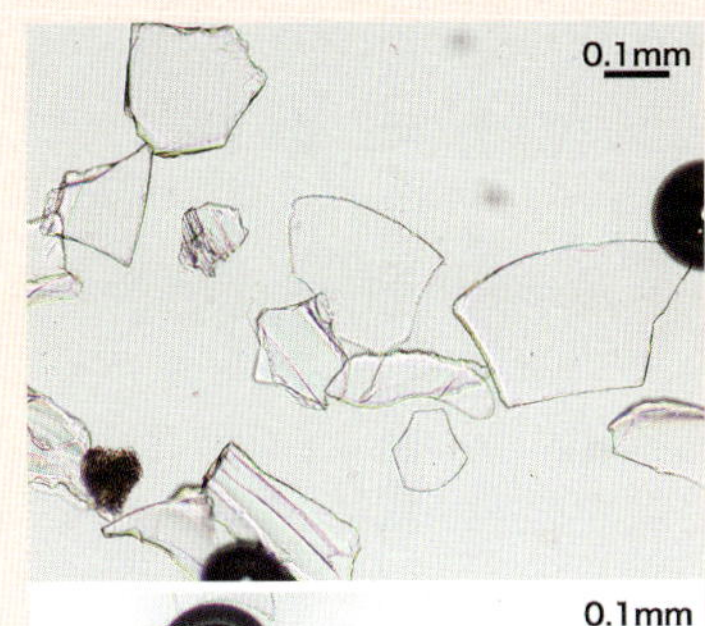

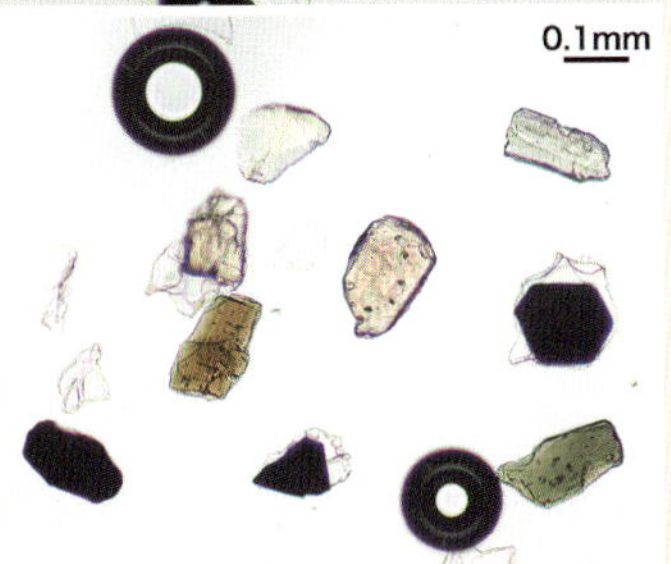

図7-5

姶良Tn火山灰の顕微鏡写真

上は火山ガラス、下は鉱物だけを集めたもの。火山ガラスの形は火山灰によって異なっており、それは噴火時のマグマの状態を表し、成分はマグマの性質を表す。また、鉱物はどんな種類がどれくらいの割合で入っているかも、マグマの性質を示していると考えられる。これらは、火山灰の特徴でもあるため、遠く離れた場所にある同じ火山灰を見分けることができる。丸い輪っか状に見えるものは、封入材に残された泡で、火山灰とは関係がない。

現在位置での琵琶湖の年齢

琵琶湖が、現在のように広い湖になったのは約43万年前といわれている。これは、現在の琵琶湖の真ん中あたりまで広がった時代のことで、当時の湖は細長い湖だったようだ。そのことから考えれば「現在のような形になった時代」は、43万年前よりもっと後の時代だ。沖島の北方で行われたボーリング調査からわかることは、21万年前でさえ、まだ現在の場所まで広がっていない。では逆に、真ん中まで広がる43万年前よりも前の時代はどんな状況だったのだろうか。それを考えるヒントは、湖西地域にある。

琵琶湖南湖の西方には、堅田（かたた）丘陵と呼ばれる、やや高台の土地がある。この丘陵地は、現在では開発が進んで住宅地になっているが、開発以前には崖なども多く、地層の観察ができた。私が大学生だった1990年頃、調査実習などで来ていたことが思い出される（それが過去の琵琶湖環境を知る上で重要なものだとは後から理解したのだが）。その地層からは、貝類の化石なども見つかった。また、貝類の化石が見つかる地層は、現在の琵琶湖の底で見られるような、細かい粒の泥でできた地層であることが多い。その地層の見た目から考えれば、その地層ができた場所は、湖のような静かな水域だと考えられる。堅田丘陵の一部地域の地盤は、湖の底でつくられた地層でできているのである。では、湖環境でできたと考えられるこの地層は、いつの時代につくられたのだろう。

ここでも火山灰層が活躍する。堅田丘陵で古くから知られている喜撰（きせん）火山灰層は、丘陵をつくる地層の最も古い時代付近にある。この火山灰層は見かけ上の特徴として、暗い紫色をしている。よく見かける火山灰層は、白っぽい色や灰色っぽい色合いが多い。そのため、喜撰火山灰層のような色をしているものは、他によくある火山灰とは見かけで違いがわかりやすい。そのような見かけ上の特徴と、火山灰の性質の分析結果などから、大阪や房総半島で同じものが見つかっている。大阪ではアズキ火山灰層、房総半島ではKu6c火山灰層という名称で知られているものであり、年代は約85万年前と考えられている。丘陵の最も新しい付近にある火山灰層は、この地域を調査していた服部昇（はっとりのぼる）さん（当時、堅田高校）と一緒に見つけた。服部さんの知らせを受けて調査に行き、見つけた火山灰層を、私は当初50万年前付近のものだと考えていた。しかし、その後に分析したデータは、他の地域で約35万年前だとされているものと同じだと示していた。

　これらの火山灰層の年代から、堅田丘陵をつくる地層は、少なくとも85万年前から35万年前の時期にできたといえる。堅田丘陵から少し範囲を広げて、湖西地域全体でみると、古くは１００万年ほど前までさかのぼることができ、その地層にも湖環境を示すものがある。つまり、43万年前よりも前の時代は、北湖まで広がっていないにしても、現在の南湖地域には少なくとも１００万年前から湖があったことになる。

　湖西地域の地層を詳しく調べた林隆夫（はやしたかお）さん（当時、大阪市立大学）の記載をみると、堅田丘陵に湖が広がっていた当時の湖は、広さが一定していないことがわかる。それでも、最も湖がその地域に広がっている時期には、比叡山（ひえいざん）の麓（ふもと）付近まで広がったこともあったようだ。北湖の位置での琵琶湖は、約43万年前からある。それ以前については、堅田丘陵など、現在は湖でない地域に見られる地層の研究から、そのおいたちが少なくとも１００万年前までさかのぼることができそうだ。

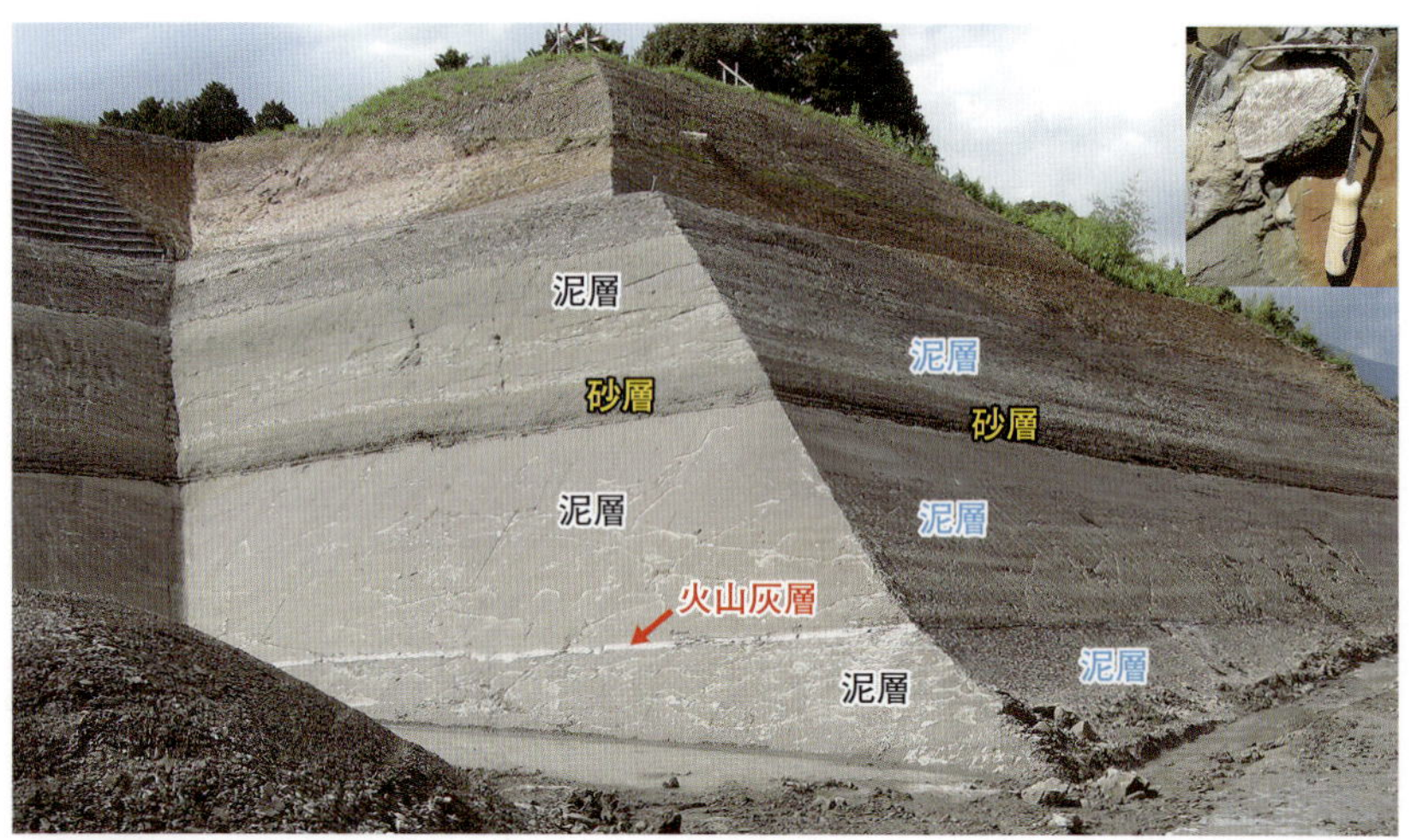

図8-1 堅田丘陵で観察された泥の地層

下のあたりに佐川Ⅱ火山灰層がみつかる。泥層中には二枚貝などの化石も見つかった。

図8-2

山下火山灰層

写真中央にある白っぽい厚さのある帯（層を断面で見ているので帯にみえる）の部分が火山灰層。横にあるスケールを頼りにすると、見かけ上は約 4.5㎝の厚さがある。その上下は砂まじりの泥層。約35万年前のもの。

図8-3
房総半島にみられるKu6c火山灰層
房総半島中央部には、上総(かずさ)層群という海でたまった地層があり、そのできた年代が詳しく調べられている。

図8-4
喜撰(きせん)川にみられる喜撰火山灰層
約85万年前の大分県付近でおこった火山噴火によって飛んできた。

図8-5
約60万年前の堅田丘陵
林（1974）の調査結果から推定される約60万年前の湖の範囲。この少し後の時代には丘陵のもっと奥まで湖が広がっていることがわかる。堅田丘陵は、当時は湖の範囲で、少なくとも60万年前までは地盤が沈む地域だったと考えられる。その後の時代になって、地盤が高くなる運動を始めた。

湖底下にねむる地層

琵琶湖の昔の環境は、地層から知ることができる。たとえば、堅田(かたた)丘陵をつくる地層は、１００万年前頃の湖環境を教えてくれる。１００万年前には、北湖付近にはまだ湖がなかったとされているのだが、その当時の北湖付近はどんな状況だったのだろうか。このことは、琵琶湖の地下にある地層が教えてくれる。

琵琶湖がある場所の過去の環境情報は地下にある。琵琶湖の北湖中央付近で行われたボーリング調査では、地下約９００ｍまで地層があった。その地層中、上部約２５０ｍは、湖環境を示す泥の地層だ。その下の地下９００ｍまで地層があるので、その分の環境情報が得られる。通常、地層は下から上へと土砂が積もることでできる。そのため、下にある地層ほど古い時代の情報をもっている。最近、京都フィッション・トラックの檀原徹(だんはらとおる)さんのグループはこの地層の年代を再検討した。この年代を調べる研究でも火山灰層が利用された。ただし、これまで紹介してきた「火山灰対比」という手法に加えて、火山灰そのものの年代をはかる「フィッション・トラック年代測定」が行われている。これは、火山灰の中に含まれるジルコンという鉱物を使って行われる放射年代測定法の一つだ。このような火山灰を使った研究によって、ボーリング調査で得られた地層の年代が明らかにされた。その結果、岩盤のすぐ上、つまり土砂がたまり始めた年代は少なくとも１３０万年前より前だと考えられた。

このボーリング調査で得られた地層は、竹村恵二(たけむらけいじ)さん（当時、京都大学）らが詳しい記載をしている。地層は、それがつくられた環境によって異なった様相をしているので、当時の環境を推定することができる。詳細な環境解析は、実際の地層を詳しく調べる必要があるのだが、おおよそは、竹村さんたちの記載からも推定することができる。それによると、この地点に湖が広がったのは、43万年前より以前にもあったらしい。前述の檀原さんらによる年代によれば、約100万年前にも湖があったようだ。ただし、それは数万年間つづく湖としては存在していたようだが、43万年前に湖が広がるまでには、湖ではなくなった時代も含まれている。その環境としては、地層がつくられる陸地の環境、たとえば、河川やその周辺の湿地環境であった。つまり、ボーリング調査が行われた琵琶湖の真ん中付近では、130万年前よりいくらか前の時代から土砂がたまりはじめ、約100万年前にも一時的に湖になったものの、その後、陸地化したと推定できる。なお、約100万年前という時期は、現在の南湖の西方にある丘陵をつくる地層から調べられた湖の形成年代と同時期で、これらが同じ湖を形成していたかどうかはわからない。

このように、琵琶湖の地下に残されている地層を調べることによって、過去の琵琶湖環境や、現在の琵琶湖を形成するまでの環境変化を読み解くことができる。このことから、琵琶湖のさまざまな場所で、このような深く掘るボーリング調査をすれば、それぞれの場所での、湖ができた時期が特定され、湖の広がり方や、時代とともに琵琶湖がどうやってできていったのかが、平面的に理解できるのではないかと期待される。しかし、このようなボーリング調査は地層を掘り上げる技術が難しい上、大変お金がかかるので、簡単には行えない。つまり、琵琶湖が穴だらけにされることもないのだ。では、他の方法で、琵琶湖の地下のようすを平面的に知ることはできないものだろうか。

図9-1 琵琶湖北湖の中央部で掘削された1400mコアのボーリングコア写真

上部 250mはほぼ泥の地層でできている（試料は竹村恵二氏より提供）。

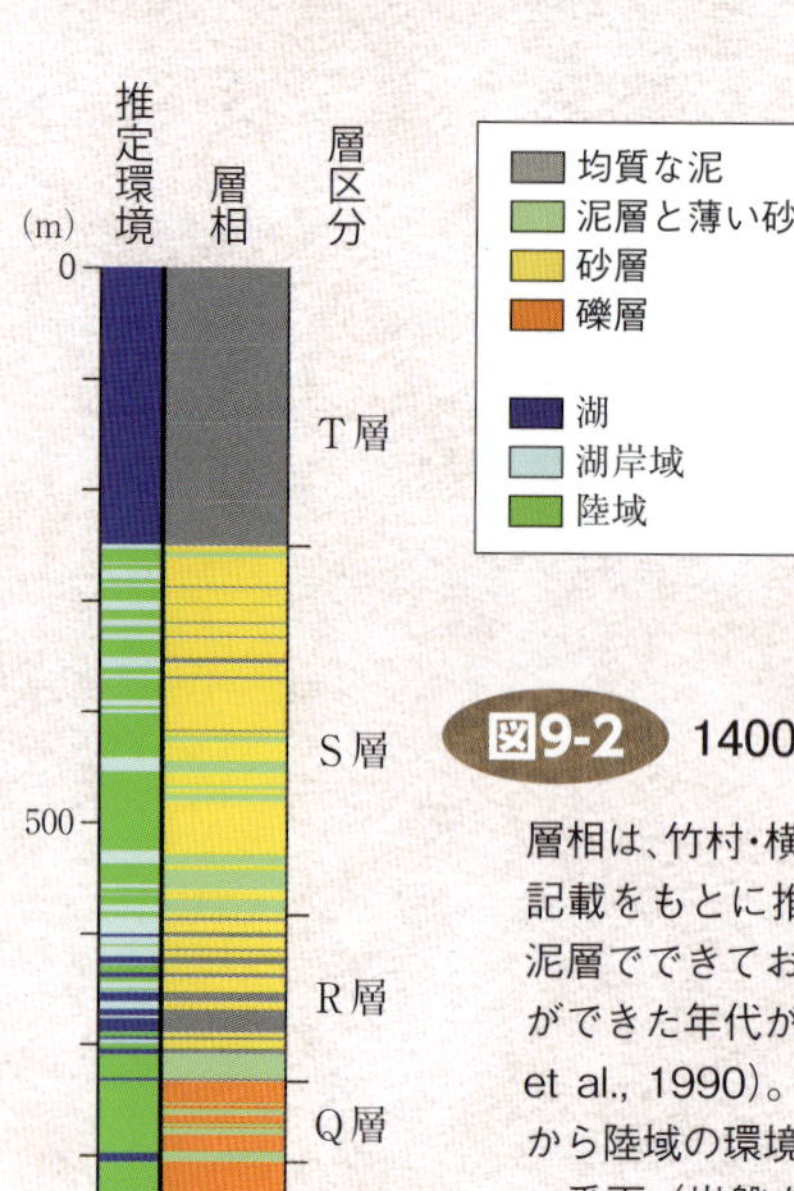

図9-2 1400mコアの地層部分の層相と推定環境

層相は、竹村・横山（1989）を簡略化し、推定される堆積環境は、記載をもとに推定した。深さ250m付近より上の地層はほぼ泥層でできており、T層と呼ばれている。T層の一番下の部分ができた年代が、おおよそ43万年前と考えられている（Mayers et al., 1990）。それより下の部分は、砂の地層が多く、湖岸から陸域の環境（河川やその周辺）でできたものと考えられる。一番下（岩盤を直接おおう付近）は、粗い石ころ（礫）でできていることから、山間に近い場所だったと推定される。

Date No.

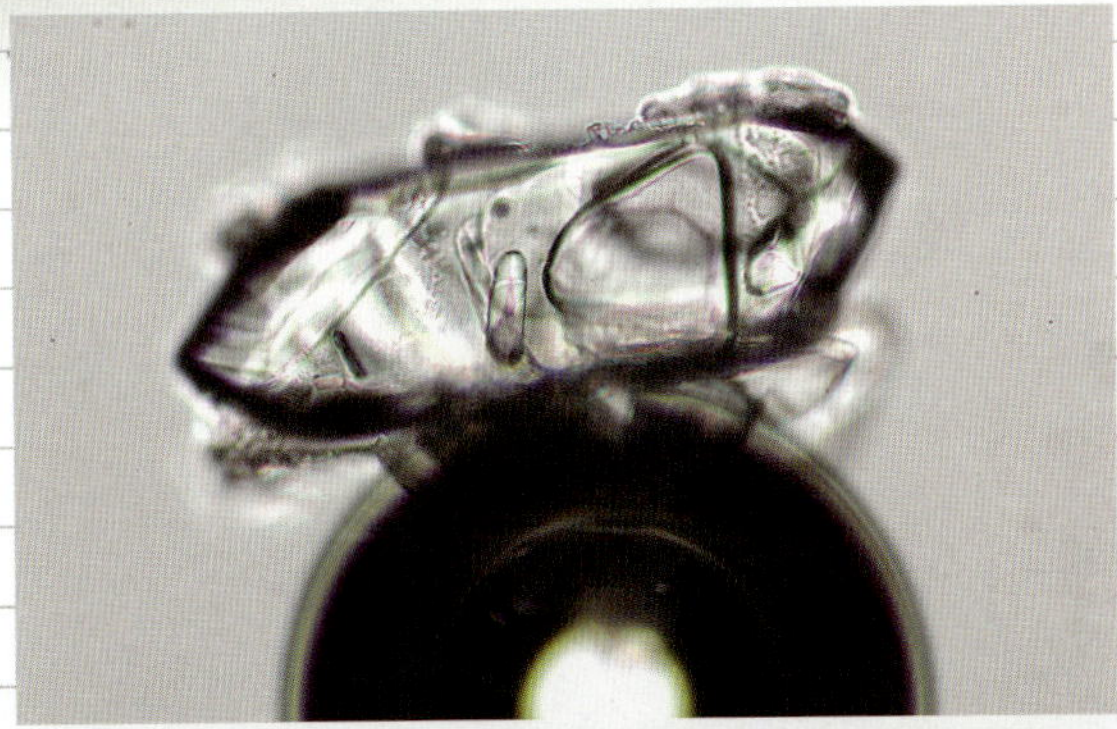

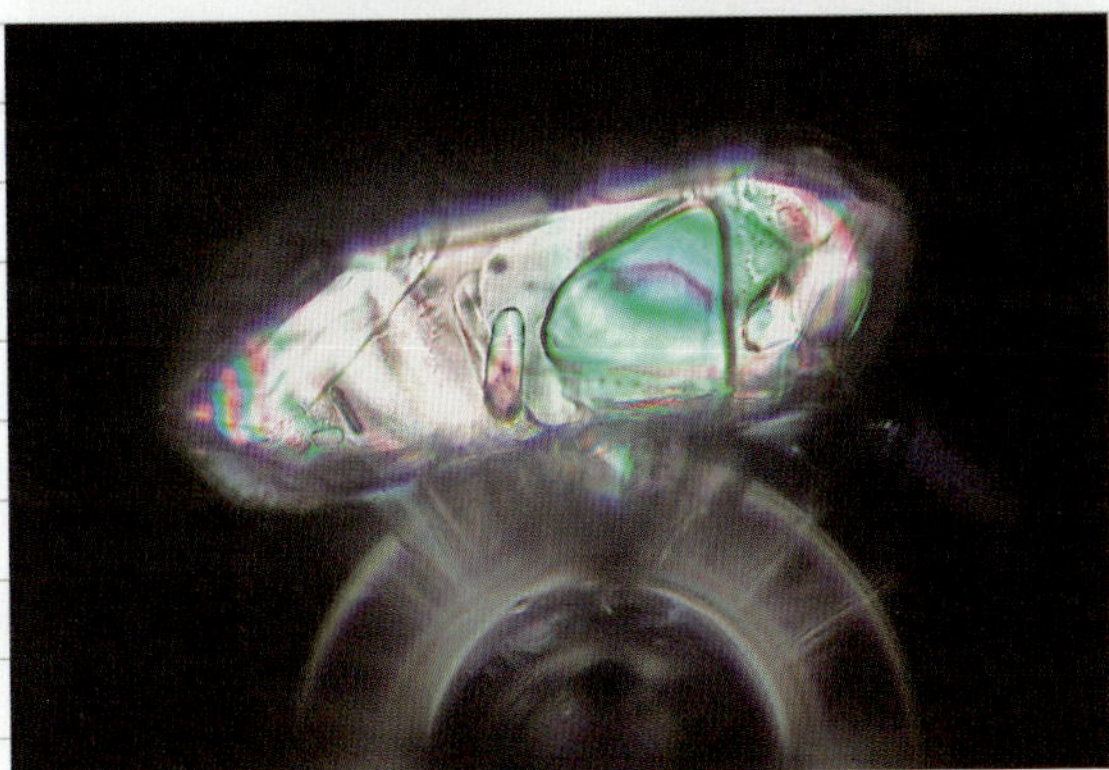

図9-3 火山灰に含まれるジルコンという名の鉱物の顕微鏡写真（400倍で観察）

上写真は顕微鏡でそのまま観察したもの、下写真は偏光顕微鏡の偏光板を入れて観察したもの。高島市に分布する白土谷火山灰層（約100万年前）のもの。フィッション・トラック年代測定に使われる一般的な鉱物。ただし、どの火山灰にも入っているというわけではない。

10

南の湖と北の山

今の琵琶湖ができる前に、この場所には何があったのだろうか。ボーリング調査では、その地点の情報しか得られない。しかし、数百mも深くボーリング調査するには大変な予算がかかるなどの問題があるので、たくさんの地点で行うことはできない。どうするか。

琵琶湖ができる前の地形を知るためのヒントは、ボーリング調査の前に行われた物理探査にある（第2章参照）。湖底へ向かって出された音や空気などの振動は、違う性質の地層を通り抜けようとする時、つまり地層の境界に当たった時に反射して湖面へ帰ってくる。その性質を利用して、地下にある地層の平面的な広がり状態が調査された。ただし、調査は湖上の2つの地点をつなぐように行われるため、得られるデータは「測線（そくせん）」と呼ばれる線上の地下、つまりその線上の地下断面が明らかになる。

北湖の東側と西側を結ぶように行われた測線の結果を見ると、水平方向に伸びる直線的な縞々（しましま）の模様が見られる。この模様は、たとえば泥と砂の地層境界や、泥層と火山灰層など波の伝わり方が違う物質の境界を示している。最もはっきりわかる境界は、土砂がたまる前にあった岩石と、その上にたまってできた地層との境界で、画像の下部に凸凹した線としてみることができる。その凸凹をみると、その上にある水平方向の直線的な縞模様とが、ぶつかっているところがある。縞（しま）模様の線は、湖底下の平面的に広がる地層の状態を示しており、凸凹の線は岩盤である。つまり、凸凹の岩盤に、水平的にできた地層が周りを取り巻いている状態を示している。このような環境は、現在の湖東（ことう）地域の繖山（きぬがさやま）などをイメージするとよい。また、琵琶

郵　便　は　が　き

お手数ながら切手をお貼り下さい

５　２　２－０　０　０　４

滋賀県彦根市鳥居本町655－1

サンライズ出版 行

〒

■ご住所

■お名前(ふりがな)　　■年齢　　歳　男・女

■お電話　　■ご職業

■自費出版資料を　　希望する ・ 希望しない

■図書目録の送付を　　希望する ・ 希望しない

サンライズ出版では、お客様のご了解を得た上で、ご記入いただいた個人情報を、今後の出版企画の参考にさせていただくとともに、愛読者名簿に登録させていただいております。名簿は、当社の刊行物、企画、催しなどのご案内のために利用し、その他の目的では一切利用いたしません（上記業務の一部を外部に委託する場合があります）。

【個人情報の取り扱いおよび開示等に関するお問い合わせ先】
サンライズ出版 編集部　TEL.0749-22-0627

■愛読者名簿に登録してよろしいですか。　□はい　□いいえ

ご記入がないものは「いいえ」として扱わせていただきます。

愛読者カード

ご購読ありがとうございました。今後の出版企画の参考にさせていただきますので、ぜひご意見をお聞かせください。なお、お答えいただきましたデータは出版企画の資料以外には使用いたしません。

●書名

●お買い求めの書店名（所在地）

●本書をお求めになった動機に○印をお付けください。

1．書店でみて　2．広告をみて（新聞・雑誌名　　　　　）
3．書評をみて（新聞・雑誌名　　　　　）
4．新刊案内をみて　5．当社ホームページをみて
6．その他(　　　　　)

●本書についてのご意見・ご感想

購入申込書　小社へ直接ご注文の際ご利用ください。
お買上 2,000 円以上は送料無料です。

書名　（　　冊）

書名　（　　冊）

書名　（　　冊）

湖に浮かんでいるように見える竹生島や沖島なども、周りが湖でなく地面であれば同じようなイメージである。凸凹の岩盤の凸部分の周りに土砂がたまり、その後に埋められていった状態がわかる。これらの研究は、地層の平面的広がりや、岩盤の凸凹の状態を教えてくれる。琵琶湖ができる前の地形を知りたかった私は、ボーリング調査による地層の年代と、物理探査で得られた平面的な地層の広がり情報から、この地域の地形の変化を考えてみることにした。

縞々の模様は、直線的ではあるが、やや西の方向へ傾いている。地層は、大まかには平らにできるので、できた時は水平だったはずだ。つまり、湖底下の地層はできた後に西向きに傾いたと推定される。地層が西向きに傾いた原因は、西岸にある琵琶湖西岸断層帯の動きによる（第1章参照）。地盤の沈み方は、断層に近いほど深いため、その上にある地層を傾かせる。そのため、時代とともに、琵琶湖の地盤は西向きに傾いてきた。過去の地形を考えるには、傾いた地層を水平に戻し、周辺の岩盤もそれに合わせて戻せばよい。その考え方で、過去の地形の復元を試みた。43万年前の湖は、北部まで広がる細長い湖だったが（第6章参照）、北部には南北に連なる山が存在している。また、多景島や竹生島、沖の白石などはまだ島になっていない。90万年前は山の環境が広がっている。そのため、この頃には地形的にみて、湖が北へ広がることができなかったことがわかった。

ここで大きな謎に気づいた。最も北にある盆地状の地形だ。この盆地からは、どこを通って水が排出されていただろうか。水の排出が悪い場所を通っていたのであれば、ここは湖だった可能性がある。もしそうであれば、南湖付近にあった湖とは異なる湖を形成していただろう。残念ながら、そのことを検討するための地層情報が今のところはない。

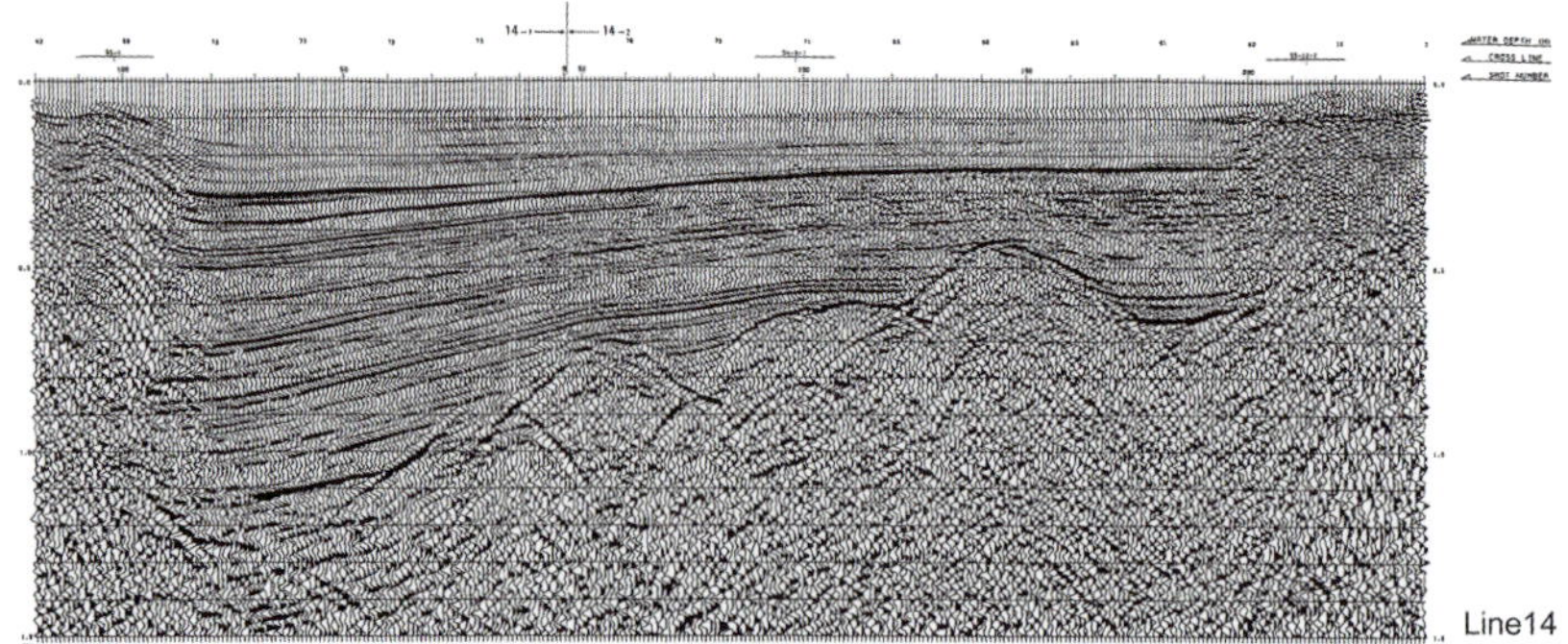

図10-1 マルチチャンネル物理探査断面

(Horie, ed., 1983；竹村恵二氏提供)

沖島と白鬚(しらひげ)神社付近を結ぶ線上で行われたもの。西岸方向へ地層が傾いていることがよくわかる。地層は下にあるものほど傾きがきついので、地層ができている間、何度も断層が動いてきたことがわかる。左へ傾いている直線的な線が何本もある下に、凸凹の線として見られるのが、この地域で土砂がたまる前にあった岩盤の地形を示している。

図10-2 物理探査が行われた測線

(Horie, ed., 1983)

赤線が図で示した側線。

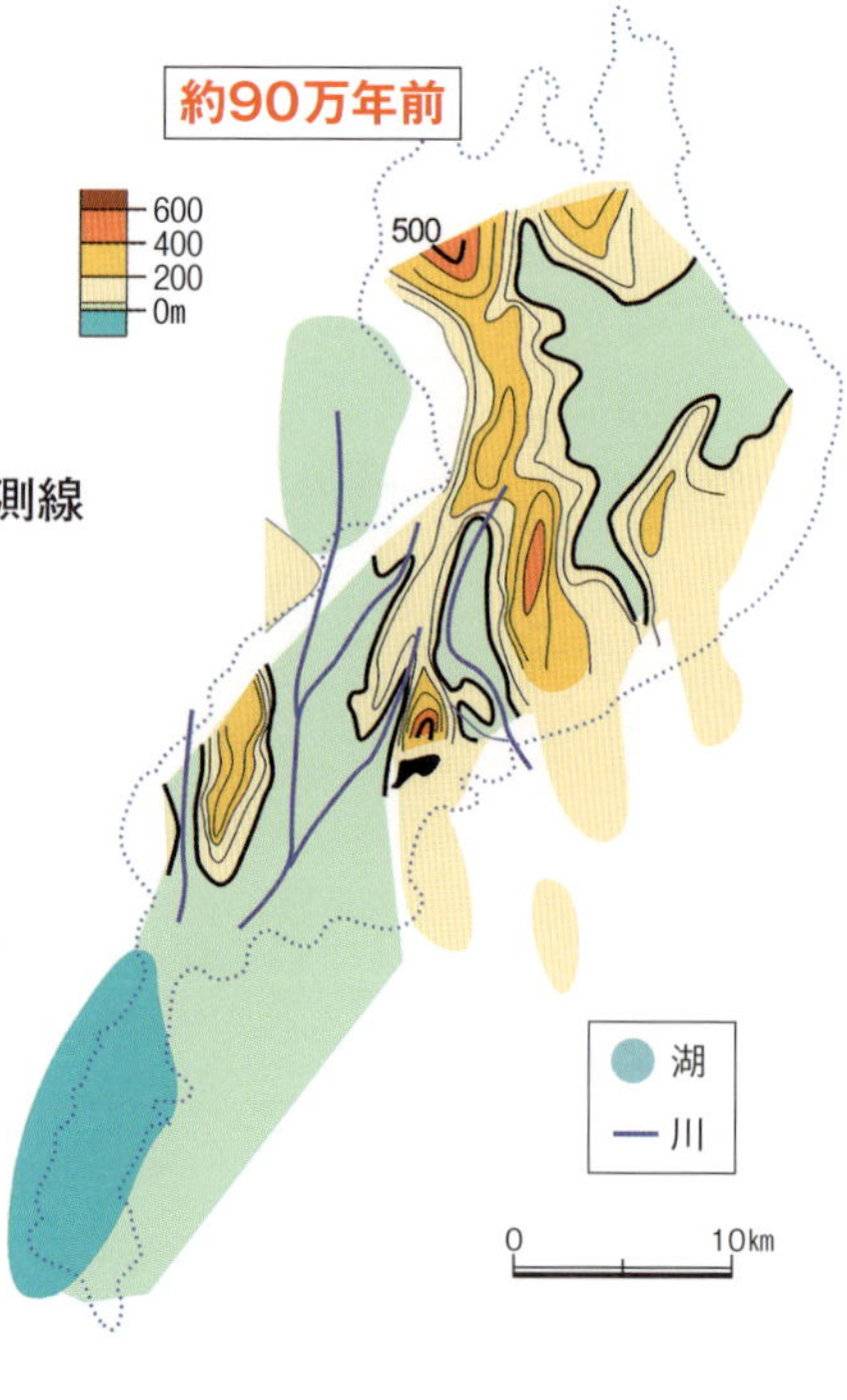

図10-3 90万年前の琵琶湖(北湖)地域の地形

(里口, 2010を元に作図)

当時の北湖の中央部には、南北に連なる岩盤でできた山の高まりがあった。その北東地域には、山で囲まれた低い場所があり、どのような環境だったかはまだよくわかっていない。

図10-4 沖島の岩礁帯

岩礁帯の湖岸は、岩盤の山の周りに湖が広がってくることで岩礁帯になる。琵琶湖の島は、湖に取り囲まれた山の山頂部。湖の水が土砂であれば、周りは平野になり、平野に突出した山になる。

図10-5

愛知川河口付近からみた繖山（部分）

平野にぽつんとある岩盤の山は、この地域にもともとあった山の一部がそのまま残り、周りは土砂で埋められたもの。

11 現在の琵琶湖以前の環境情報を残す古琵琶湖層群

琵琶湖のおいたちは、現在の琵琶湖の底にある地層から、北湖に広がったのは43万年前で、南湖西方の堅田丘陵の地層からは、南湖地域で１００万年前には始まったことがわかった（第8章）。しかし、琵琶湖のおいたちは、ここが始まりではない。

琵琶湖の周辺には、堅田丘陵以外にも標高が２００ｍほどの丘陵がある。丘陵を構成する地盤は、しっかりした地層でできている。この地層は古い琵琶湖の環境でつくられたとの考えによって「古琵琶湖層群」と呼ばれている。この名称がつけられたのは１９２９年のことで、中村新太郎さん（当時、京都帝国大学）が「純湖沼成層の典型的地層」として古琵琶湖層群の紹介をしている。１９３３年には同大学にいた池辺展生さんが論文の中で、湖西地域や甲賀、蒲生の地域にある標高が３００ｍより低い丘陵をつくるやわらかい地層として説明し、とくに湖西地域について詳しく記載している。この当時は、琵琶湖の地下を調べる技術がなかったため、本当の意味で「古琵琶湖」の環境でできた地層かは、わからなかったはずだ。しかし現在は、琵琶湖の地下にある地層と丘陵にある地層には、同時期にできたものがあることが知られている。そのため、古琵琶湖層群が琵琶湖の形成に関係する地層で、過去の琵琶湖（地域）の環境でできたことは間違いないといえる。

古琵琶湖層群は、滋賀県から三重県伊賀・名張市付近にかけての丘陵部の地盤をつくる、時代的に途切れがほとんどなく積み重なっている、ひとまとまりの地層についてつけられた名称である。この地層は、湖西地域、琵琶湖の東方の丘陵や南方の三重県伊賀市や名張市にまで広がっている。その形成年代は、大きくみれば、湖西地域が最も新しく、南方の三重県にあるものが最も古い。この最も古い地層の年代については、300万年前〜600万年前とさまざまな考えがあった。この議論に決着をつけるために私が行った方法は、火山灰層の研究だ。他の地域で約420万年前とわかっている火山灰を古琵琶湖層群で見つけた。それより古い地層の厚さなどから、最も古い時代は約440万年前と確定した。

地層に残されている過去の琵琶湖地域の環境とその変化から、琵琶湖のでき方が検討されてきた。琵琶湖のでき方研究にとって最も基礎的な情報は、地層を構成する物質、その厚さ、分布範囲などである。その情報を集めて理解するためには、野外における地層の調査が必要だ。野外に見られる崖の一つひとつを丁寧に調べ、離れた崖に見られている地層が、他の場所にある地層と、時代的にどちらが新しいか、古いのかなどを、地層の傾き具合などの情報から読み取っていく。このような地層を調べる野外調査は、大変地味で時間のかかる作業をともなう。しかしながら、地層から過去の環境や生き物の進化・絶滅などの出来事を理解しようとする時には、最も基本的な枠組みづくりとして大変重要である。古くから多くの研究者が野外の調査を行ってきたことで、現在では古琵琶湖層群の全体像が明らかにされている。

これまでに理解された古琵琶湖層群は、時代によって地層の主要な構成物が違っており、時代ごとに特徴がある。泥が多い時代や、砂が多い時代などである。地層を構成するものの違いは、つくられた環境の違いを示している。地層ができる環境によってできる地層が違うということから、古琵琶湖層群は、地層の構成の違いで、いくつかに分けられている。それら古琵琶湖層群の区分は、古琵琶湖の環境が何度も変わってきたことを示す重要な手がかりといえる。

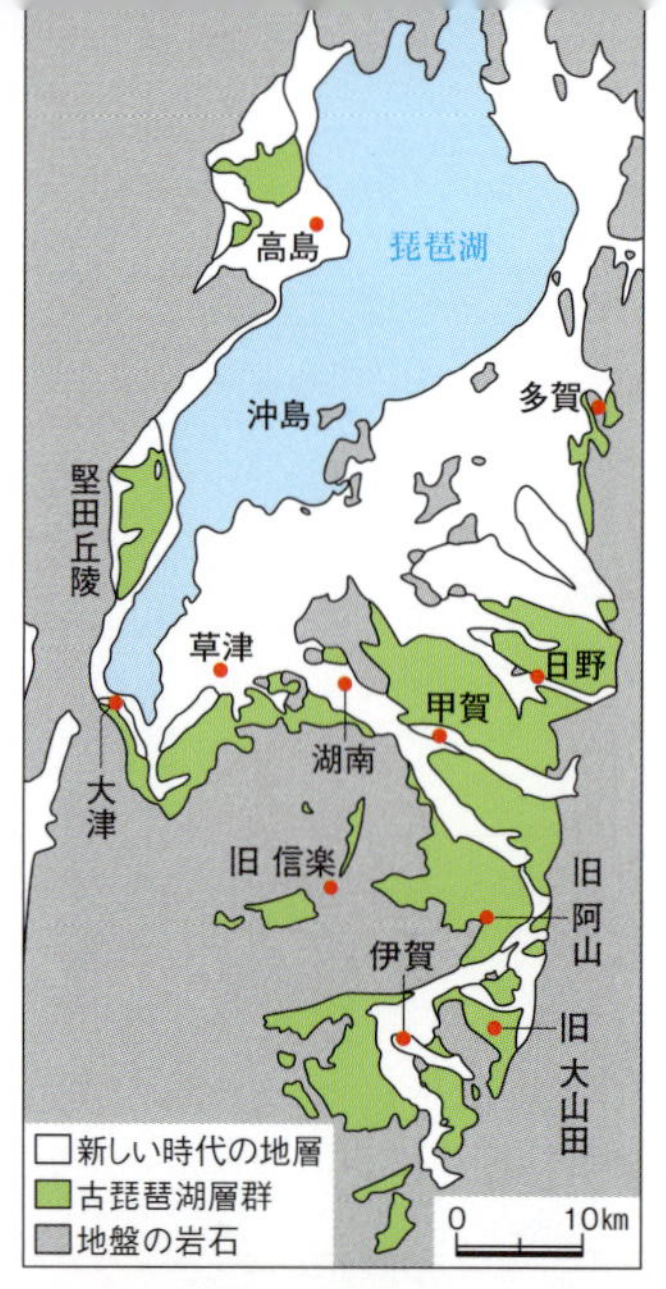

図11-1

古琵琶湖層群の分布図

（Kawabe, 1989を元に作図）

地質時代		岩相層序			火山灰層	推定環境	古地磁気層序	年代（万年前）
更新世	後	段丘堆積物	琵琶湖層	厚く均質な琵琶湖湖底泥層	BT22 BT61 BT76	広くて深い湖（現在の琵琶湖）	ブリュンヌ	
更新世	中期	古琵琶湖層群	堅田層 （膳所層）	砂がち砂泥互層と泥の卓越する層 （礫砂泥互層）	上仰木Ⅰ 喜撰 池の内Ⅱ	小さな湖と湿地・河川	ブリュンヌ／マツヤマ	50 100
更新世	前期	古琵琶湖層群	草津層	礫層を主体とする礫砂泥の互層	五軒茶屋	河川環境が広がる	マツヤマ	150
更新世	前期	古琵琶湖層群	蒲生層	礫層を含む砂泥互層	荒張 陽気ヶ丘 虫生野 南比都佐	河川周辺の湿地・沼沢地	マツヤマ	200 250
鮮新世	後期	古琵琶湖層群	甲賀層	厚く均質な泥層と砂層	小佐治 相模Ⅰ	広くて深い湖	ガウス	
鮮新世	後期	古琵琶湖層群	阿山層	均質な泥層	馬杉 高峰	広くて浅い湖	ガウス	300
鮮新世	後期	古琵琶湖層群	伊賀層	シルト層を挟む砂礫層		河川周辺の小さな湖沼	ガウス	350
鮮新世	前期	古琵琶湖層群	上野層	厚いシルト層と泥・砂礫の互層	服部川Ⅱ 喰代Ⅱ 市部	小さくて狭い湖	ギルバート	400

図11-2 古琵琶湖層群の層序図（そうじょ）

古琵琶湖層群の地層の構成物（泥や砂など）や積み重なり、年代などをまとめたもの。琵琶湖自然史研究会編（1994）、吉川・山崎（1998）、Kawabe（1989）をもとに、最近のデータを考慮して作成した。なお、地質年代の一番上（一番新しい）の現在を含む時代は「完新世（かんしんせ）」であるが、時代が短いので（約1万2000年前以降）図には描き入れられなかった。時代区分については、International Commission on Stratigraphyのネットページには最新の情報がある（http://www.stratigraphy.org/GSSP/index.html）。

図11-3 堅田(かたた)丘陵の遠景

古琵琶湖層群の調査としては最も初期に詳しく調べられた地域。琵琶湖湖上から撮影。後ろの山と琵琶湖の間にある小高い丘を構成しているが、北湖まで湖が広がる前に湖があった地域。

図11-4 野外での地層の調査

河原などで露出している地層を観察して、位置情報を地図に、観察した詳細な情報をノートに記載する。地層が観察できる崖の位置や、観察した情報から、ある地域の地層のつながりを考えることで、地層の分布や積み重なりの全体像が理解される。とても地味で時間のかかる孤独な作業。（撮影：高橋啓一）

火山灰の研究と野外調査

琵琶湖湖底下にある地層や、古琵琶湖層群の年代を知る方法として、幾度となく登場するのが、第7章で紹介した「火山灰対比」という手法である。火山灰は大規模な火山噴火によって空中に巻き上げられ、上空の風によって広がり、広い範囲でほぼ同時期に地層中に残る。そのため、別々の場所で同じ火山灰をみつけられれば、それらの地層は同時期にできたものだとわかる。また、火山灰は岩石と同様に成分や鉱物にそれぞれの特徴があるため、同じものを見分けることができる。ただし、火山灰対比でわかることは、その地層が同時期である、ということだけだ。年代を決めるためには、あらかじめ年代が詳しくわかっている火山灰層を基準にして、それを調べたい地層で探す必要がある。

古琵琶湖層群と同時代の日本の地層で、その年代が最も詳しく調べられているものの一つは、房総半島（ぼうそうはんとう）中

琵琶湖地域と房総半島には、同じ時代の地層がある。同じ火山灰層が見つかれば、それは同じ時期にできたことが理解できる。ある時代の広い範囲の環境を知るのに役立つ。

央付近に分布している上総層群や三浦層群だ。これらは、海底でできたもので、古くから多くの研究が行われてきた。房総半島中央付近は、川がつくる谷が深く、河壁の全面に地層が露出している。そのため、地層の積み重なりがよく観察できることが、研究が進められてきた要因の一つといえる。たとえば、古琵琶湖層群の調査では、歩き回って地層が見られる崖をみつけ、詳しく観察し、調査ノートに情報を書き込むという作業をする。房総半島では、探し回る必要はない。川沿いを歩いて行くだけだ。

私がはじめに研究で野外調査を始めたのはこの地であった。当時の私は大阪にいたので、房総半島は遠くの地に思えた。しかしその調査は、この時代の火山灰層の年代を決めるための基準づくりのようなもので、大事なのだよと、あの頃の私に教えてあげたい。房総半島での調査は、基本的に地層がよく観察できる川沿いを歩く。川の壁面は、高さ数十mもある崖で地層がよく観察できるが、一度そこへ降りると、谷が深いので道へ戻るのは難しい。河壁は地層が露出している

地層を詳しく観察するために、崖を削っている著書。写真は古琵琶湖層群の調査時のもの。（撮影：高橋啓一）

房総半島中央の半島をほぼ南北に流れる養老川。谷が深く、河壁には地層が露出する。

が、風雨で汚れているため、「ねじりがま」と呼ばれる、本来は草を刈り取るもので崖の表面を削り、地層を観察しやすくする。これは古琵琶湖層群の調査でも同じようにしている。毎日川へ出かけ、数十ｍの崖を降りられる場所を探す。川底に着いたら、一度に観察できる範囲の崖を削って地層を露出させ、観察して、それを調査ノートに記録し、火山灰層があれば分析用の試料を採取する。そして、また崖を削り、観察して、と続け、少しずつ川を進んでいく。地層の露出がよいことは、研究上すぐれた点なのだが、ずっと崖があるので、休憩するタイミングが計れない。調査中に出会うヒル、スズメバチ、ヘビ、シカ、サルにびくびくしつつ、高い崖に囲まれた川底から空を見上げると、逃れられない気持ちになる。何日にもわたる調査が一段落つけば、採取した大量の火山灰試料を持ち帰り、研究室で一つずつ分析する。

　そうやって得られたデータが、今は古琵琶湖層群の年代を決めるのに役立っている。もちろん、上総層群の年代を決めた研究者たちの成果も重要な情報だ。昔

火山灰層の調査には欠かせない道具、スクレーパー。火山灰標本を地層からこそげ取る時に使う。これもホームセンターにある。

この時代の地層調査にはかかせない道具、ねじりがま。地質調査の道具はホームセンターで購入するものが多い。

の研究者たちも同じように苦労したのだろう。どんな研究も多かれ少なかれ苦労がともなう。しかし、そこから得られた結果は、新しい世界を開き、次の研究に結びついていく。琵琶湖から遠く離れた房総半島で行われた研究が、琵琶湖のおいたちを解明するために役立っている。さまざまな研究がどこかでつながっている。また、つなげることで新たな扉が開かれる。

野外で地層の詳しい観察と記載をする著者。基本的に地層の調査は、崖をきれいにする、観察する、記載するの繰り返し。
（撮影：林竜馬）

地層の調査に重宝する刷毛。崖をきれいにしたり、地層中の模様を浮き出させたりする時に使う。これもホームセンターにある。

12 始まりは三重県にあり

古琵琶湖層群の最も古い地層は、三重県伊賀市にある。約４４０万年前のものである。この付近の地層は、厚く細かい泥の層と、砂層や、石ころの大きさの粒子で構成されている礫層からできており、古琵琶湖層群を細分した地層名として「上野層」と呼ばれている。上野層は、約３４０万年前までの地層で、伊賀市の広い範囲に分布している。ただし、厚い泥層は東部にしかない。そのことから、伊賀市東部には湖があったと考えられている。前述した砂層や礫層は、伊賀市西部に分布しており、東部の湖へ流れる川などがあったと考えられている。

古琵琶湖層群の最も古い時代の地層は、約４４０万年前であるが、安定的に存在する湖の環境を示す地層は約４００万年前より後の時代である。つまり地層ができはじめた初期にはまだ湖がなく、その当時は、湿地や河川が広がっていたようだ。湖ができた正確な年代はわからないが、約４００万年前には安定した湖があったようだ。なぜこの時期に湖ができたかについては、詳しくはわかっていない。川辺孝幸さん（当時、大阪市立大学）は、この地域の断層運動によって地盤が凹み、そこに地層が形成され始めた後に湖ができたと考察している。また、この頃の湖のことを、湖の地層が分布する地域名をとって、大山田湖と名づけている。大山田は、伊賀市になる前のこの地域の名称（大山田村）である。

大山田湖とその周辺には、産出する化石の研究から、多くの種類の生き物がいたことが知られている。１ｍを超える大きさのコイのほか、フナやギギの仲間も化石として見つかっている。また、現在の琵琶湖にいるビワコオオナマズと同じか、その祖先にあたる種類のナマズもいたようだ。これらの生き物は、現在の琵琶湖につながる生き物であり、生き物の進化と環境の変化の影響などを知る上で重要と考えられる。また、ワニや大型のスッポンなどもいた。湖以外では、高さが４ｍ近くもある大型のゾウであるミエゾウや、サイなども化石として見つかっている（本シリーズの『ゾウがいた、ワニもいた琵琶湖のほとり』参照）。これらは、現在の日本より暖かい地域にいそうな種類の生き物である。

植物化石からは、当時の植生がわかる。植物は自ら動くことができないので、植生はそれが生育できた当時の気候を反映していると考えられる。当時の気候は、現在の伊賀市や琵琶湖地域とは異なっており、大変暖かかったと考えられている。そのことから、生息する動物の様相も異なっていたのだろう。

大山田湖は、少なくとも約３６０万年前までは続いていたようである。その後の時代の地層には、湖の沖合を示す泥層が見られなくなるが、３５０万年前頃までは湖岸の環境を示す地層も見られる。さらにその後は、大山田の地域には地層がないため、大山田湖がいつまで存在したのかは正確にはわからない。現在の伊賀市東部は、丘陵地域にあるため、過去につくられたと推定される地層は削られてなくなっていく環境にある。そのため、現在は、削られて残った部分だけが地層として見えている。つまり、現在は観察できない地層が過去にはあったと推定される。

しかし、最後の時代は特定できないものの、大山田地域で地層がつくられていたのは、現在まで続くようなものではなく、３５０万年前より後には、次第に地層がつくられないような、水をためることができない環境に変わっていったと考えられている。

図12-1 伊賀市東部に見られる上野層の泥層

約 360 万年前。大山田湖と名づけられている昔の琵琶湖（古琵琶湖）の存在を示す地層。この地層から、イガタニシの化石やコイの咽頭歯化石など、当時の湖にいた生き物の化石が見つかる。

図12-2 伊賀市東部に見られる上野層の砂層

約 360 万年前。湖岸にたまる砂でつくられていることがわかるが、この砂層の存在が、湖の終焉を示すものなのか、当時の湖岸環境を示しているだけなのかは解釈が難しい。

図12-3

伊賀市東部に見られる上野層の砂層

約360万年前。湖があった時代の河川環境でできた地層。湖がある時代にも、周辺の陸地の環境が地層として残されている。

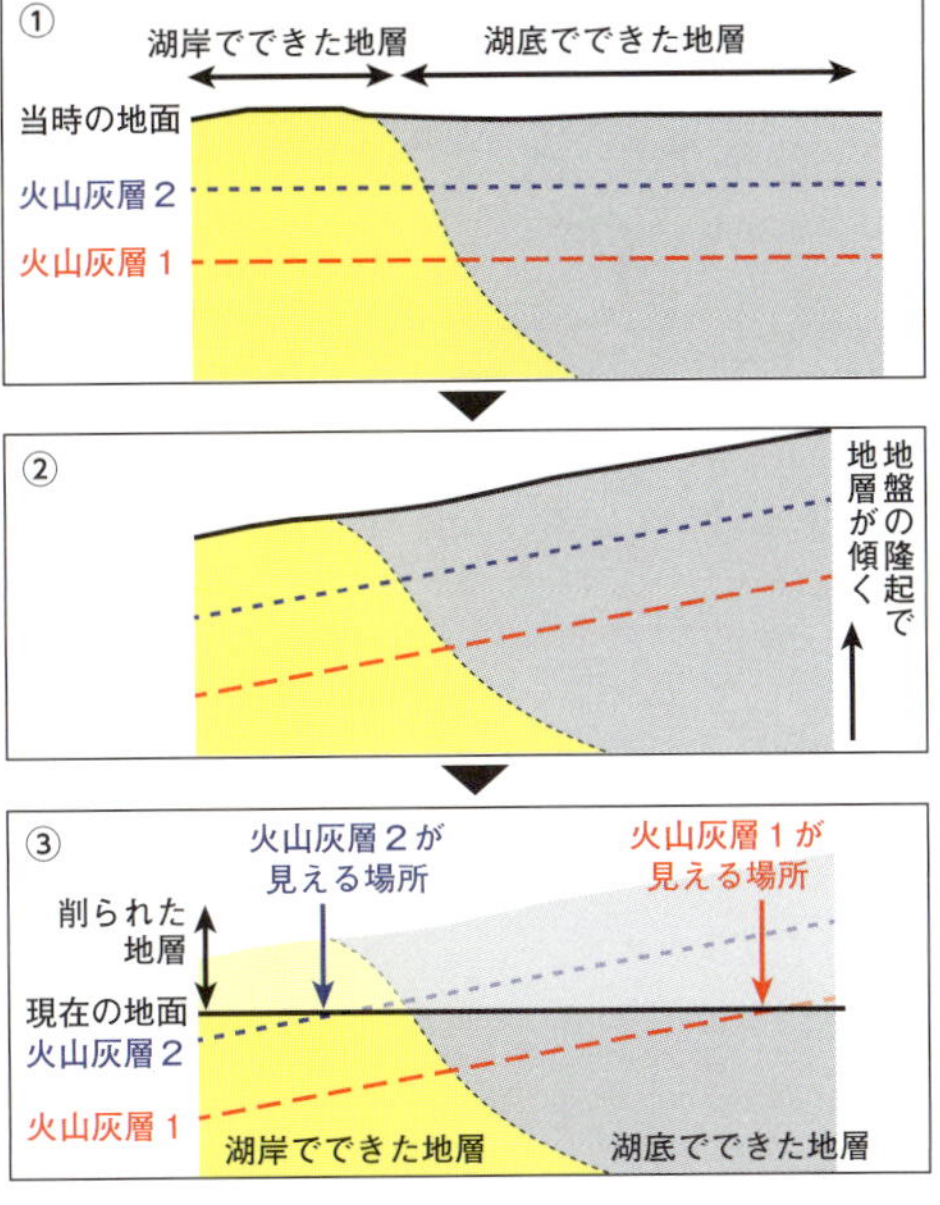

図12-4

削られた地層のイメージ図

当時の環境情報を残している地層が、後の時代の地盤の運動で高い場所になると削られてしまうので、当時の環境を残さない。図の「火山灰層２」は、湖岸環境と湖底環境のどちらにもあったが、地層が削られてしまったため、湖底環境の部分がなくなってしまい、「火山灰層２」の時代の湖環境の情報がなくなってしまったことを図は示している。

13 現在とは異なる水系

約400万年前の大山田湖（おおやまだ）は、現在の南湖よりもやや小さい湖とのイメージで描かれている。このようなイメージは、泥層の分布範囲からである。その西方地域にあたる伊賀市西部～中部には、同時期の地層が分布しているが、その地層は砂層や礫層からできている。このことから、大山田湖の西方地域には、平野～扇状地の地形が広がっており、大山田湖へ水をそそいでいたと考えられる。

しかし、それより広い範囲での周辺環境は、あまりよくわかっていない。たとえば、湖から水を排出する川の場所のほか、周囲の山など、高地の地形についてはほとんどわかっていない。なぜなら、そのような環境は、情報として保存されないからだ。山などの高まりは、地盤として削られる場所であるため未来に情報を残さない。

もう一つの理由として、日本は地盤の変動が激しい場所、つまり、地盤の隆起や沈降が活発に行われている地域であることがあげられる。このことは過去の地形が現在とまったく違う可能性が高いことを意味している。たとえば、現在の琵琶湖北湖は、90万年前には岩盤でできた山があったと考えられている（第10章参照）。つまり、今の深い湖が、数十万年という時間をさかのぼれば、山であった過去を持つのだから、数百万年前という時間では、現在とはまったく違う地形であったという推定がなされる。要するに、現在の山などは、今のように高くなったのがいつ頃のことなのか、高くなる前にはどのような地形だったのかは、証拠としての地層が残されていないかぎり何もわからないといえる。

といって、大山田湖の周辺環境は何もわからないわけではない。たとえば、川辺孝幸さんは、この当時の西側にいくほど、砂や石の粒の大きさ（粒径）が大きくなることから、当時の川の上流は西側にあることを指摘している。また、この地域の地層中には、現在の琵琶湖の東側に分布する湖東流紋岩類（第3章参照）がみられることから、現在の琵琶湖の地域は山の環境で、そこで削られてできた石や砂が、大山田湖の付近まで流されてきたと考えている。

では、湖の水はどこへ流れ出ていたのだろうか。この問いには、はっきりした解答はない。しかしながら、地形的に湖の西側が高かったと考えられ、大山田湖方向へ流れがあったことから考えて、水は東方へ流出していたと考えられている。また、東方地域にあたる現在の津市付近には、同時期につくられた地層（東海層群）が分布しているが、東海層群には古琵琶湖層群よりもやや古い時代の地層があり、その中には西方から流れてきたと考えられる岩石が見つかる。それらのことから、大山田湖は東側に水を流出させていたと考えられている。つまり、水の流れる方向は、現在の琵琶湖とは逆で、現在の伊勢湾方向へ水系のつながりを持っていたことを示している。なお、東海層群を調査すると、大山田湖と同時期に、少なくとも津市付近には湖（東海湖）があったと考えられる。これら、両地域にある湖でできた地層からは、同じ種類の貝類化石が見つかることも、その水系のつながりを示唆している。

逆に、京都方面へのつながりはどうだったのだろうか。この時代の古琵琶湖層群は、奈良市月ケ瀬付近にも分布しているが、これより西方の大阪方面に地層をつくる環境はなかったようだ。また、瀬戸内海も大阪湾もなかったことからも、西方へは水の流れがなく、水系としてもつながっていなかったようだ。

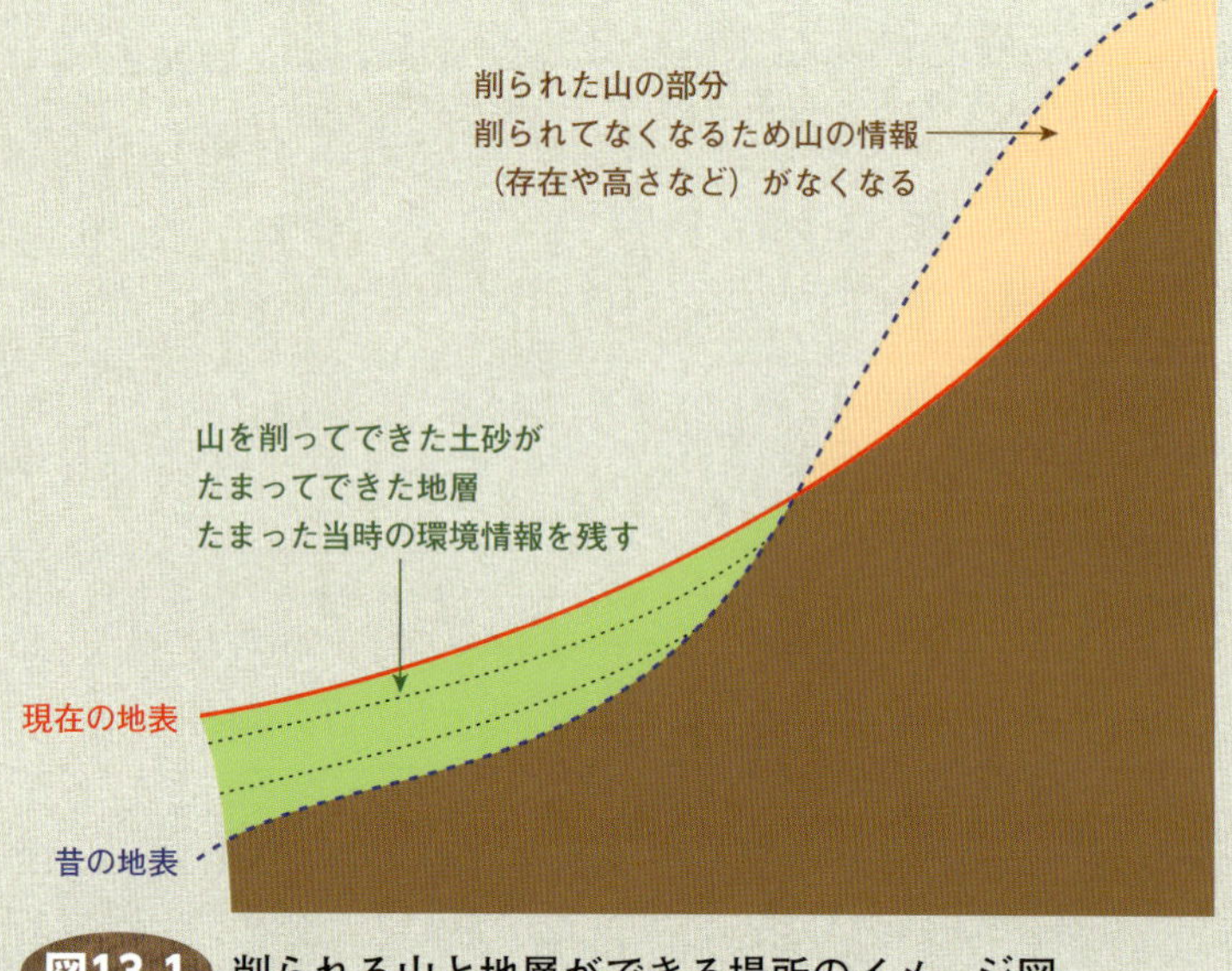

図13-1 削られる山と地層ができる場所のイメージ図

図13-2 伊賀市畑村からみた東方にそびえる山（布引山地）

三重県伊賀市と津市の境になっている。この山は、この地域で地層ができていた時代よりも後の時代に高くなったことが、地層の傾きなどから理解される。

図13-3 急傾斜した地層(三重県伊賀市喰代(ほうじろ))

写真の右側へ傾いている。白い部分は喰代A火山灰層（約420万年前）。

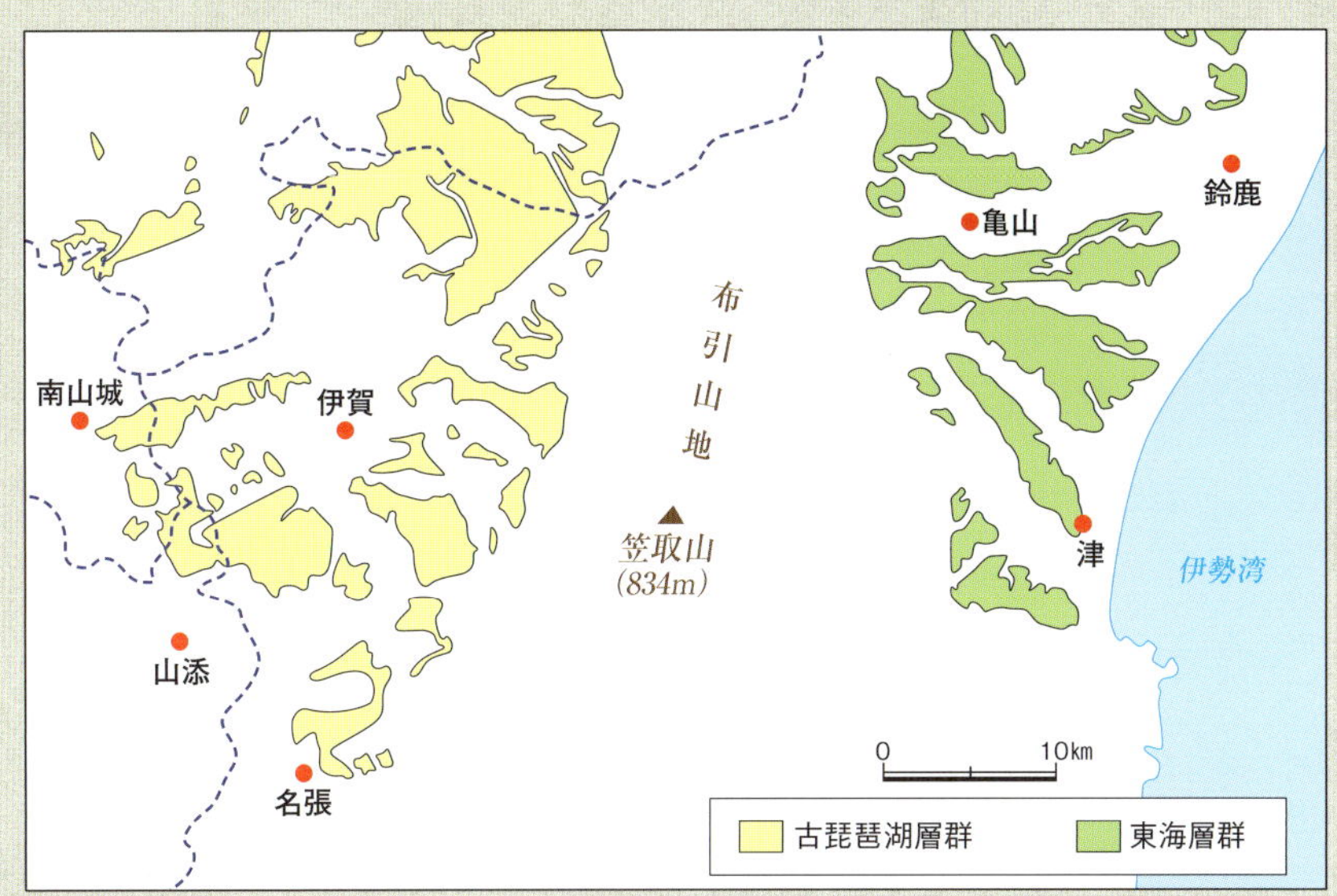

図13-4 三重県伊賀市付近の古琵琶湖層群と津市付近の東海(とうかい)層群の分布

（宮村ほか，1981；吉田，1984；吉田，1987；吉田ほか，1995；川辺ほか，1996；西岡ほか，1998；中野ほか，2003をもとに作成）

14

小さい湖か広い湖か

はじめの古琵琶湖である大山田湖は、現在の琵琶湖に比べるとずいぶん小さい。地層の分布から考えられる広さは、現在の南湖よりも小さいといえる。深さについては正確にはわかっていないが、あまり深くはないと推定される。伊賀(いが)市を流れる服部(はっとり)川の河床(かしょう)・壁には、当時の湖底でたまった泥層が露出しており、そこにはしばしば足跡化石を見つけることができる。その足跡はゾウ類やサイ類といった陸上にいる動物のものが見つかることから、非常に浅いか、しばしば干上がるような浅いところであったと考えられる。また、洪水で流されてきた火山灰がつくる地層の厚さから、3m程度の水深と考えられる地点もある。これらから、深さは現在の北湖のような深い湖ではなく、南湖のような湖といえるだろう。現在の南湖は平均で4mほどの水深で、最も深い場所でも7mほどである。このような小さく浅い湖であったというのが、現在考えられている「大山田湖」の姿である。このようなイメージは本当に合っているのだろうか。

喰代(ほうじろ)Ⅱ火山灰層という名前の火山灰層は、洪水によって運ばれてきた火山灰が、湖岸を埋めることでできたと考えられる。この火山灰層は、現在の岐阜県北部地域にあった火山が390万年前頃に噴出した火山灰によるもので、同じ火山灰層は、富山、新潟、福島、千葉、愛知の各県でも見つかっている。これらの多くの地域では、火山噴火後に起こった洪水によって運ばれた大量の火山灰がたまることでできた、厚い火山灰層を形成している。

当時の大山田湖の流出方向は、現在の津(つ)市付近であり、そこには東海(とうかい)湖と呼ばれる湖があった。この地域にも、喰代Ⅱ火山灰層と同じ火山灰層（阿漕(あこぎ)火山灰層）がある。この火山灰層も、洪水によってできたと考えられている。つまり、390万年前の火山噴火とその後の洪水は、岐阜県北部地域から、現在の津市付近にあった東海湖や、現在の伊賀市東部の大山田湖へ、大量の火山灰を運んだのだ。洪水でできたこの火山灰層のことを考えていて、この話にはおかしな点があることに気づいた。

当時の大山田湖は、東方にあった東海湖の方へ水を流していたと考えられている。しかし、この火山灰層が示す当時の大山田湖への洪水の流れは、東から西方向である。つまり、火山灰を運んだ洪水は、当時の流れの方向とは逆方向に流れたことになる。別のルートを使って流れてきた可能性も考えられるが、当時の滋賀県地域は山があったため、岐阜県北部の火山の地域から、山があった当時の滋賀県方向へ流す流路があったとは考えにくい。

そこで私が考えた仮説の一つとして、現在の伊賀市と津市を隔てている布引（ぬのびき）山地が当時は低く、大山田湖と東海湖は一つの湖であったというものである。2つの湖に、空間的な標高差がなければ、火山灰を運んだ洪水が、別の湖岸へ到達することが可能だからだ。この仮説を後押しするものとして、珪藻（けいそう）化石の研究がある。現在の琵琶湖にいるスズキケイソウに類似の珪藻化石が、両地域の地層から琵琶湖博物館の大塚泰介（おおつかたいすけ）さんのグループによって見つけられている。この珪藻は大型の種類であることから、大きな湖に生息していたと推定されている。つまり、珪藻化石からは、現在考えられている小さい湖という大山田湖のイメージとは合致しない。現在、大山田湖が津市にあった東海湖と一つの大きな湖をつくっていたという仮説を検証しようとしている。さて、仮説は間違いだったとして破棄されるか、さらに後押しする証拠が見つかるか、今後、研究を進めたい。

図14-1 喰代（ほおじろ）Ⅱ火山灰層（約390万年前）

岐阜県北部の火山を起源とすると考えられている。全体の厚さは3ｍほどあるが、降った部分の厚さは一番下の数cmほどで、ほとんどが流されてきたものと考えられる。

図14-2 三重県津市で見られる東海層群の阿漕（あこぎ）火山灰層

崖に見えている部分は全部が火山灰層。古琵琶湖層群の喰代Ⅱ火山灰層と同じものとされる。5ｍほどの厚さがあり、ほとんどが流されてきてたまったことが、火山灰層に見られる模様からわかる。

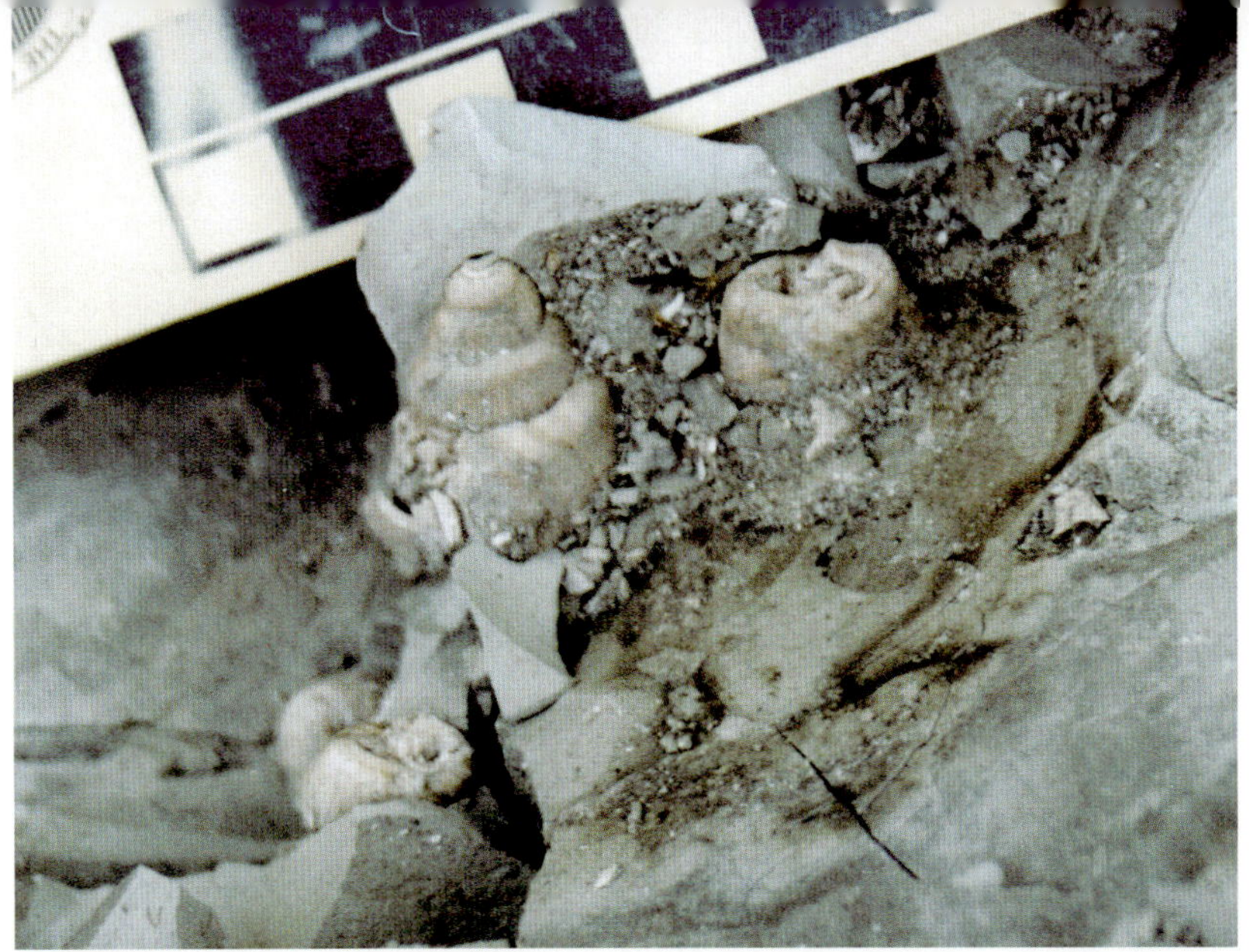

図14-3 伊賀市の古琵琶湖層群と津市の東海層群に共通して産出するイガタニシの化石

図14-4 三重県津市で見られる東海層群の泥層

崖に見えている部分はすべてが泥層。伊賀市の古琵琶湖層群と同時代のもの。

15 滋賀と三重をまたぐ湖

初めの古琵琶湖である大山田湖がなくなる頃、次の湖はその北側へできた。現在の三重県伊賀市北部（旧阿山町付近）から、滋賀県甲賀市付近にあったとされている。この時代の湖は、旧阿山町を中心とする地域に広がっていた時期を阿山湖、甲賀市付近を中心としてあったものを甲賀湖と呼んでいる。しかし、これらの湖は場所がやや違うだけで、基本的には時期的につながりのある湖だったとの考えから、阿山・甲賀湖のようにもいわれる。なぜ、3つの呼び名があるのだろうか。それは、地層研究をもとにしているためである。

過去の環境は、地層から得られた情報をもとに考えられている。当然ながら研究する前には、その場所の古い環境（古環境）はわからない。地層の研究は、地層の見た目、構成する物質、厚さ、複数の地層の積み重なり方、分布地域・範囲などの情報が、野外調査によって集められる。たとえば、ある地域では、泥層と砂層でできた地層があったとする。その砂層や泥層の厚さやその比率が、地層全体をみた場合に、部分によって大きな違いがあると、その地層をつくった時代によって、地層をつくる環境が変わったと考えられる。このように地層のひとまとまりである層群を、地層の見かけでいくつかに分けた区分を「層」という（過去には「累層」と呼ばれていた）。この地域に分布する地層は、「阿山層」と「甲賀層」という名称がつけられている。

阿山層と甲賀層は、いずれも広い湖があったことを示す地層であるため、その湖をそれぞれ「阿山湖」、「甲賀湖」と呼んでいる。しかし、地層の分布やその時間的連続性から、一連の湖だったとの考えがあるため、まとめて「阿山・甲賀湖」とよぶ場合がある。なお、この湖には「佐山湖」

の名称もある。池辺展生さんによる１９３４年学会発表のこの地域の地層名「佐山階」を基準に、その後、より詳細に調査した横山卓雄さん（当時、同志社大学）らが名づけたものである。名称は違うがほぼ阿山・甲賀湖と同じと考えてよい。古琵琶湖層群の地層区分とその名称の問題なので、見解の違いともいえる。

　この当時の湖は、川辺孝幸さんによると広くて深い湖だったとされている。現在の琵琶湖の北部にあるような、岩礁性の湖岸もあるような環境であったようだ。また、三角州の環境でできた地層がみつかることから、砂浜などの湖岸環境もあった。三角州環境の地層には波の作用でつくられた砂層もみられる。この時期の湖は、現在の琵琶湖のように多彩な環境をもつ湖だったのだろう。水深が浅かったと考えられる地域では、ゾウなどの陸上にいる動物の足跡化石や、ワニの化石が見つかるなど、生息する生き物は今とずいぶん違っていたようだ。では、湖の広さや深さはどうだったのだろうか。

　広さについては、いくつかの見解があるが、いずれも現在の琵琶湖北湖よりは小さい。現在の伊賀市北部から甲賀市に広がる湖であり、おおよそ北湖の３分の２程度はあったと考えられる。現在の琵琶湖を除けば、古琵琶湖で最大の湖であっただろう。深さについては、残念ながら正確な情報は得られていない。前述の三角州の環境でできた地層は、厚さが数ｍあることから、少なくともそれよりは深かった。期間は阿山湖から甲賀湖の時代を含めると３２０万年前から２６０万年前の長きにわたって存在し続けた。多彩な湖岸環境や広くて深い湖というイメージは、古琵琶湖では、現在の琵琶湖に最も近い環境をもつ湖だったと考えている。

図化した地層	地層の説明	層区分
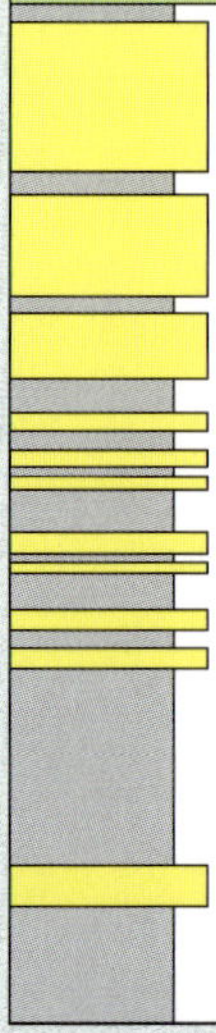	厚い砂層 と 薄い泥層	C層
	薄い砂層 と 薄い泥層	B層
	ほぼ泥層	A層

図15-1 「層」区分の概念図

図の灰色部分は泥層、黄色部分は砂層を示している。ある範囲の地層において、地層の見かけの違いによって区分される。このような違いは、大きな環境変化があったことが考えられる。たとえば、分厚い泥層の積み重なりが中心の部分と薄い砂層と泥層が交互にある層があれば、そこで地層をつくる環境が大きく変わったと考えられることから、層区分をする。ただし、どのように区分をするのかは、研究者によって異なる場合があり、意見がまとまらない場合もある。なお、「層」区分は、過去には「累層(るいそう)」区分と呼んでいた。そのため、阿山(あやま)層などは、阿山累層と呼ばれていた。

図15-2 阿山層の均質な泥でできた地層

崖に見えているのはすべて泥層。現在の琵琶湖湖底などで見られるような細かい泥でできていることから、当時の湖底でできたと考えられる。

図15-3 岩盤に接している湖岸環境（長浜市湖北町湖岸）

湖岸に土砂がたまりにくい環境（土砂があまり流れてこない場合もある）、もしくは、土砂がたまるよりも早く水位があがることでこのような環境ができると考えられる。

図15-4 阿山層の砂層に見られる波の作用でできた模様（ウェーブリップル）

湖岸付近でできた砂の地層中にある。

16 沼になった湖

阿山・甲賀湖は古琵琶湖の時代で最大の湖だった。この湖が終わりを迎えるのは、おおよそ260万年前のことである。この後の時代には、湖や平野をつくる環境が甲賀市から蒲生郡日野町などの湖東地域へ移り、阿山・甲賀湖の時代にみられた広くて数十万年も続く湖はなくなった。水をためる環境は、時間的にも空間的にも不安定なものになったと考えられている。イメージとしては、広い湿地環境が広がり、そこには数万年ほど存在する沼が点在するような環境だったようだ。そのことから、「蒲生沼沢地」と呼ばれている。蒲生とは、この時代の地層名である蒲生層からのものである。

湖の沖合でつくられる地層は、基本的には細かい泥でできている。湖が長く続けば、泥をためている期間が長いために、泥層は厚くなる傾向がある。また、湖が広ければ泥をためる環境が広い。つまり、泥層が見られる範囲も広いはずである。阿山・甲賀湖の時代にできた地層は、広い範囲で厚い泥層が分布している。それに対して蒲生層は、厚い泥層と砂層を交互に積み重ねたもので特徴づけられる。厚い泥層があることは、ある一定期間、おそらく数万年程度は湖沼環境を存続させた。この時代の湖沼は、阿山・甲賀湖よりも小規模であるが、その深さについてはよくわかっていない。この時代の湖岸環境を残している地層からは、少なくとも3m程度の深さがあったことはわかっている。この時代は約180万年前まで続くが、そのほぼ最終期の地層から、アケボノゾウのすばらしい化石が見つかっている。現在も詳しい調査が行われており、当時の環境を復元しようと検討されている。

この時代の水系は、それより前の時代と変わったとされている。前の時代、つまり阿山・甲賀湖の時代までは、大山田湖の時代から引き続き水の流出は伊勢湾方向であったと考えられているが、この時代には、流出方向が、現在と同様に京都・大阪方面へ変化した。

そう考えられている理由の一つは、琵琶湖の周辺にある岩石が、京都府城陽(じょうよう)市の地層から見つかるためである。その岩石とは、湖東地域にある湖東流紋岩類(ことうりゅうもんがんるい)（第3章参照）であり、その存在から滋賀から京都方面へ流れる水系があったと考えられた。もう一つは、虫生野(むしょの)火山灰層の分布からである。この火山灰層は、片岡香子(かたおかきょうこ)さん（当時、大阪市立大学）の研究によると、噴火後の洪水によって大量の火山灰が運ばれてできたとされている。この火山灰を噴出した火山の場所は、正確にはわかっていないが、現在の岐阜県から長野県付近にある山岳地域だと考えられている。つまり、滋賀県より東方の地域から洪水によって流れてきたということだ。これと同じ火山灰を、京都府木津川(きづがわ)市で調査をしていた池田俊夫(いけだとしお)さんに案内してもらって見つけることができた。

このことから、中部山岳地域から滋賀へ流れてきた火山灰を含む洪水は、京都方面へ流れ出ていったと推定している。虫生野火山灰層の年代は約230万年前と考えられているので、少なくともこの時期には、古琵琶湖の水の流出方向は前の時代から変化している。京都・大阪方面をつなぐ水系が、この時代になってできたのだ。なお、この時期の大阪地域は地層ができる環境にあったが、まだ瀬戸内海や大阪湾は存在していない。大阪湾に海が入ってくるのは、もっと後の時代になってからのことである。

図16-1 蒲生（がもう）層がみられる崖（日野町（ひのちょう））

沼沢地をつくっていたと考えられる時代の地層で、崖の明るい部分が泥層で、暗い部分が砂層と泥層でできている。明るい部分の泥層は湖沼環境でできたもの。湖でできた泥層に一定の厚さがあり、数千～数万年程度は続いていると推定される。

図16-2 虫生野（むしょの）火山灰層（甲賀市水口町）

この火山灰層は厚さが3mを超える。写真は下部付近のもの。基底部分の厚さ2～3㎝程度が降ってたまった部分。写真に写っている部分は、すべて火山灰できており、流されてきてたまったもの。

図16-3 虫生野火山灰層に含まれていた軽石（日野町）

長径は約6㎝。角がとれて丸くなっていることから、流れてきたものだとわかる。これだけ大きな軽石は、噴出した火山の近くに落ちることから、火山の近くから流されてきたと推定される。

図16-4 虫生野火山灰層と同じ火山灰層が見つかった場所

赤色の点が火山灰層のある場所。噴出した火山は、現在の中部山岳地域と考えられている。実際の川がどこを流れていたのか詳しくはわかっていないが、火山があった地域から甲賀市への流れ、また琵琶湖地域を通って木津川（きつかわ）市への流れがあったことは確からしい。

17

鈴鹿山脈が高くなった

滋賀県北東部にある多賀町から、ほぼ一頭分とされるアケボノゾウの骨格化石がみつかっている。その化石が入っていた地層は、細かい泥の地層である。湖東平野から琵琶湖の東方にある鈴鹿山脈の麓付近にあったとされる蒲生沼沢地の時代の最後、180万〜190万年前頃のものである。アケボノゾウは陸上にいる生き物だが、同じ地層から魚類や貝類、ヒシなど、水域にいる生き物も化石として見つかっている。そのことから、この地域に湖沼があり、地層の様相からは湖畔付近だったことがわかる。また、化石が見つかった場所に見られる火山灰層の研究からこの年代が推定された。

多賀町には、このような沼でできたと考えられる地層が分布している。その地層の上位には、直径10cm以上もある礫でできた地層がある。上位にある地層とは、覆いかぶさる地層ということで、時代的には蒲生沼沢地より後の時代にできたことを意味する。蒲生沼沢地の時代には、大きな礫を含む地層はほとんどない。また、粒の大きさの変化としては、上の地層へ向かって少しずつ大きくなったのではない。多賀町では、ここから上の地層は、大きな礫を含むものが中心になる。他の地域でも、泥層がほとんどなくなり、砂の地層が多くなる。つまり、多賀町でみられた地層の見かけ上の変化は、多賀町だけで起こった環境変化ではなく、もっと広い範囲のものだと考えられる。そこで、古琵琶湖層群はここでまた区分され、礫や砂の地層を主体とするこの地層を「草津層」とよんでいる。多賀町でみられるこの礫の存在が意味することは何だろうか。

礫や砂、泥といった土砂は、多くの場合、水や風で運ばれていき、その運ぶ力が弱くなると動かす力を失い、その粒子はそこでとどまる。礫や砂、泥の呼び名の違いは、その粒の大きさによって分けられている（第4章参照）。大きな粒子の礫が地層中にあるということは、その礫を運んでくる強い流れが存在したことを意味している。多賀町で礫を含む地層が見られることは、この地層がつくられる時代に、礫を運ぶ流れがあったことを意味する。つまり、多賀町では、蒲生沼沢地の時代にあった湖沼がなくなり、おおよそ180万年前には、礫を運ぶ流れができたようだ。

このような礫の供給が始まった背景には、礫そのものがつくられはじめたか、水の流れが速くなったか、その両方が起こり始めたことが推定される。このような条件として、鈴鹿山脈がこの時期に高くなり始めたことが考えられている。この当時やそれ以前の鈴鹿山脈の高さはわかっていないが、活発に山が高くなり始めると、山の崩壊が活発になり、多くの土砂がつくられる。また、山が高くなることによって、地層ができる地域までの地形的な勾配（こうばい）がきつくなる。おおざっぱにいえば坂が急になることで、水の流れが強く（速く）なり、多賀町への礫の供給が増えたと推定される。

このように、多賀町の礫を含む地層ができはじめた環境の背景には、鈴鹿山脈の隆起が活発化したためだと考えられている。ただ、地層の変化は多賀町だけで見られるものではない。この地域の環境は、礫や砂を供給する環境へと移り変わった。このような粒の大きなもので構成される地層は、主に河川とその周辺環境でつくられることから、おおよそ180万年前から始まる「草津層」の時代は、蒲生沼沢地のような沼が点在する環境から、河川を中心とした環境に移り変わったと考えられている。

図17-1 アケボノゾウ発掘地の地層（多賀町）

写真は細かい泥でできた地層。植物化石や貝類化石などさまざまな化石が含まれている

図17-2 四手火山灰層（多賀町）

年代は180～190万年前で、噴出した火山は特定されていない。滋賀以外には、大阪、新潟、千葉などで同じものが見つかっている。

図17-3 草津層の礫層(多賀町)

これより上の地層は礫を含む地層になることから、鈴鹿山脈の隆起が活発化したと考えられている。

図17-4 彦根市の湖岸付近からみた鈴鹿山脈

写真はややかすんでいるが、遠くからでも壁のようにそびえているように見える。

18 火山灰が伝える岐阜から大阪までつながった水系

湖沼環境がほとんどなくなった180万年前とは、他にどのようなことがあったのだろうか。まず、多賀町の礫層の存在から、鈴鹿山脈が活発に高くなり始めたことが推定されている。現在の鈴鹿山脈は、滋賀県と三重県・岐阜県を隔てる壁になっている。鈴鹿山脈の北側には、地形的にやや低い関ヶ原をへて、伊吹山へと続く。関ヶ原は南北の山に比べて地形的に低い。しかし、滋賀県と岐阜県を隔てるには十分な高まりであり、両者の水系を分断している。このように水系を分断する関ヶ原の高まりは、鈴鹿山脈が高くなり始めた180万年前には、まだなかったかもしれない。

多賀町で観察される礫と砂の地層には、約175万年前の火山噴火で噴出した火山灰できた富之尾火山灰層がある。この火山灰層は、滋賀県のいくつかの地点で見つかるが、湖南市で五軒茶屋火山灰層、東近江市で蒲生堂火山灰層という地域ごとに異なった名称がつけられている。名称が複数ある理由は、この火山灰層がそれぞれの地域で見つけられた当時には、同じものだとわからなかったためだ。その後の研究で同じものだと理解されたが、同じ火山灰層は、滋賀県以外にもあることが次第に明らかにされた。これまでの研究からは、兵庫、大阪、奈良、京都、岐阜、富山、新潟、愛知、長野、神奈川、千葉、茨城などで見つかっている。火山灰層は、火山噴火で降ってたまる以外に、他の場所に降ったものが流されてきてたまることもある。そのたまり方だと、地域によって厚さが異なる。吉川周作さん（当時、大阪市立大学）のグループは、前述の地域でみられるこの火山灰層の降った部分だけを調べ、その厚さの分布状況を調べた。すると、この火山灰層の降った部分は、岐阜県から長野県付近の中部山岳地域に向かって厚くなっていた。そのことから、この火山灰をもたらした火山は、中部山岳地域にあると推定した。

大規模な火山噴火が起きた時には、上空に火山灰を巻き上げる他に、高温のガスをともなって大量の火山灰が山を高速に下る「火砕流（かさいりゅう）」という現象が起きる。山岳地域にある岐阜県北部には、この火山灰を噴出した火山噴火による火砕流の堆積物が分布している。この分布からも、火山噴火を起こしたのはこの地域だと考えられた。火砕流堆積物は岩石のように凝固（ぎょうこ）している部分もあるが、火山灰そのものは砂のようなものなので、降雨による水の作用で簡単に動かされる。そのため、大量の火山灰がもたらされた地域は、火山灰をともなった洪水による泥流や土石流を起こしやすい。約１７５万年前の噴火の後にも、同様のことが起こったようだ。滋賀県や大阪などで見られるこの火山灰層は、噴火によって降ってきたものの上に、もっと火山に近い地域から洪水によって運ばれてきたと考えられる部分が重なっている。このような、洪水によって運ばれてきた部分は、この当時の洪水を流した場所を知らせてくれる。つまりこれは、約１７５万年前の岐阜県北部からつながる河川系（水系）である。

洪水によって流されてきた部分をもつ火山灰層の調査を行った片岡香子さん（当時、大阪市立大学）と中条武司（なかじょうたけし）さん（大阪市立自然史博物館）の研究によると、滋賀県方面を通った洪水は、京都、大阪を越えて、兵庫県の淡路島まで流れていったことがわかった。このことから、当時の琵琶湖水系は、琵琶湖を起点としていなかった。なお、この時代には大阪湾はまだ海の環境にはなっていない。

図18-1 彦根市沖合の琵琶湖上からみた伊吹山

画面右側の低くなっている付近が関ヶ原付近。

図18-2

五軒茶屋火山灰層（湖南市）

降ってたまった部分がきれいに残されている。赤い線の部分が降ってたまった部分。この火山灰層の特徴として、白色の火山灰層とその上に重なる赤褐色の火山灰層でできているというものがある。これらは同じ火山で連続的に複数回の噴火によるものだと考えられている。

図18-3 房総半島中央部で観察されるKd38火山灰層（千葉県君津市）

上総層群という海底でできた地層中にある。ここでは、滋賀の五軒茶屋火山灰層と違う特徴として、白色と赤褐色の火山灰層の間に、黒色粒のある粗い火山灰層（写真では灰色に見えている部分）が挟まっている。この部分は、新潟でもみられるが、滋賀から大阪では確認できないことから、この部分の火山灰を噴出した噴火は、岐阜にあった火山から東側にしか火山灰を飛ばさなかったと考えられている。

図18-4 五軒茶屋火山灰層と同じ火山灰層が確認されている場所（赤丸）

この火山灰を噴出した火山は、岐阜県北部付近にあったと考えられている。その火山周辺にたまった火山灰が洪水で滋賀から大阪方面と新潟方面へ運ばれた。

19

本当に川の時代だったか

約180万年前から始まる「草津層」の時代には、河川の時代になったと考えられている。つまり、湖の環境はなくなったということである。その以前の蒲生沼沢地の時代には、数十万年も続く安定した広い湖ではないにしても、湖沼環境はあったのだが、この時期にはそれもなくなったようだ。このように考えられている背景には、草津層を構成するものが、河川環境でたまったと考えられる砂や礫を中心としているためである。

ここで一つの疑問が浮かび上がる。初期の古琵琶湖（大山田湖）の地層から見つかっているビワコオオナマズもしくはその祖先種の化石の存在である。この化石の存在は、初期古琵琶湖から現在の琵琶湖まで、ビワコオオナマズの系統のナマズがずっといたことを示している。この時代に湖がなかったのであれば、湖にいるはずの大型のナマズは、どこにいたのだろうか。また、京都大学の渡辺勝敏さんのグループは、現在の琵琶湖にいる魚の遺伝子を調べている。その結果は、草津層の時代より前にその起源がある種類の魚が、複数種あることを伝えている。このことはつまり、河川環境の時代を生き抜いてきたのは、ビワコオオナマズだけではなく、複数種いるということである。ただし、当時の琵琶湖地域に広い湖沼がなくても、同じ水系に湖があれば、そこにいることができたはずだ。しかし、この時代の周辺地域には、広く安定した湖の存在は知られていない。

遺伝子の研究からわかることは、現在いる他の魚と遺伝的に分かれた時代である。そのため、この時代には、それらの魚の祖先が河川の弱い流れの環境などに適応していた可能性を否定できない。また、先に紹介した約１７５万年前の火山灰層の研究は、岐阜県北部から、京都や大阪まで流れる水系を明らかにした。仮に、この時代の滋賀に広い湖沼があれば、岐阜県北部から流されてきた火山灰は、湖岸を埋めるようにしてその湖沼でたまり、大阪まで流れることはなかったはずだ。このようなことから、地層からわかるこの時代の環境として、湖沼がないことを示しているのであれば、当時の魚の生態を検討する重要な情報となる。そのようなことから、初期古琵琶湖から現在の琵琶湖への魚種のつながりという観点では、この時代の環境をもう一度考え直してみる必要を感じている。

現在知られている草津層は、鈴鹿山脈の山麓付近に位置する多賀町の一部地域、東近江市、湖南地域の山麓付近の栗東市や草津市、大津市南部地域にある。これらの地域に見られる地層は、砂や礫が主体であり、泥でできた地層も湖環境のものではなく、河川周辺の湿地でできたと推定されるものである。つまり、これらの地層からは、確かに広く安定した湖沼はみつからない。では、他にこの時代の地層はないのだろうか。実は、琵琶湖博物館がある烏丸半島（南湖東岸）の地下にこの時代の地層がある。この地層を詳しく調べた増田富士雄さん（当時、同志社大学）たちの研究によって、この付近には長い期間、湖沼があったことがわかった。ここには１７５万年前の火山灰層も見つかるが、ここでは遠くから洪水で運ばれてきた部分は観察されないことから、洪水の本流からはずれた場所にあったと推定される。このように、これまで知られていなかった琵琶湖の地下の地層を調べることで、湖がなかったと考えられている時代も、違った見解が出てくる可能性がある。今後はもっと別の観点からの研究も必要だと考えている。

図19-1 蒲生層上部～草津層の分布
（宮村ほか, 1976, 1981；石田ほか, 1984；原山ほか, 1989；木村ほか, 1998；中野ほか, 2003；吉田ほか, 2003；脇田ほか, 2013、を参考に作図）

この時代の環境情報は、丘陵地の地層から基本に集められているが、現在の琵琶湖を含む地下にも、重要な情報が隠されている。

図19-2 草津層がみえる崖
（東近江市蒲生堂）

崖の下部に泥層、その上位に砂層が重なっている。泥層には植物の根っこ跡が見られ、砂層は流れでできた模様が観察できる。

図19-3 琵琶湖博物館のある烏丸(からすま)半島で行われたボーリング調査による地下864m付近の地層（琵琶湖博物館展示室にて撮影）

写真の上半分は五軒茶屋(ごけんぢゃや)火山灰層と同じ火山灰層（KR980 火山灰層）。下半分は泥層。写真の泥層はごつごつした塊があるように見えるが、これは泥の塊で、周りの泥と同じ。細かく均質な泥は、湖沼環境でたまったものと考えられる。湖南市の丘陵にある五軒茶屋火山灰層と同じ火山灰層が、烏丸半島の地下深いところにあるのは、琵琶湖の西側にある断層のために烏丸半島付近は地盤が沈んでいるため。

20 湖が移動してきたと考えた理由

現在の私たちが見ている琵琶湖は、滋賀県の中央部にある。しかし、地層の研究からわかる琵琶湖の変遷をみると、現在とは異なった場所に湖があった時代がある。初期の古琵琶湖である大山田湖は、おおよそ４００万年前の三重県伊賀市東部にあった。その後、時代とともに別の地域に湖が移り変わったということが、現在知られている琵琶湖の物語である。しかし、地層の研究が行われた当初には、他の考えもあった。

地層の分布からみれば、古い時代の地層は伊賀市にあり、新しい時代のものは現在の琵琶湖の近くにある。昔の研究者にとって、地層の時代を正確に知ることは難しかったようだが、どの地層が古いかはわかっていた。つまり、南にある地層ほど古いことはわかっていた。そこで考えた説の一つとして、「現在の琵琶湖になる前には、琵琶湖の範囲がもっと広く、初めの頃が最大で伊賀市まで広がっていた」というものがあった。１９５０年代に近畿地方の地質をまとめた松下進(まつしたすすむ)さん（当時、京都大学）はこのような考えを持っていた。古琵琶湖層群の詳細な研究を始めた池辺展生さん（当時、大阪市立大学）は、琵琶湖が南から移り変わってきたとの考えをもっていたようだ。ただ、段階的に場所が変わったと考え、南方でできた古琵琶湖が北へ広がり、現在の場所まで広がったあと、今の琵琶湖の大きさへ小さくなったとした。１９６０年代中頃の石田志朗(いしだしろう)さん（当時、京都大学）は、南方でできた古琵琶湖が現在の場所まで移動してきたと考えていたようだ。この当時、すでに琵琶湖が南から場所を変えてきたという考えがあったものの、琵琶湖のでき方を考えるための情報としては、まだまだ不十分であった。

現在の私たちは、琵琶湖の湖底下には、400万年前の地層が見つからないことを知っている。そのことは、湖の場所が南から移り変わってきたといえる重要な証拠である。このことがわかる以前に、横山卓雄(よこやまたくお)さん（当時、同志社大学）は、別の方法で琵琶湖が移動してきたことを検討していた。川の流れの方向である。

砂の地層には、さまざまな模様がみられる。それは、砂が水の流れによって運ばれてきてたまる、という地層のでき方に関係している。川の流れのように、一方向に向かう水の流れがあると、流れの上流側に緩やかな、下流側に急な斜面をもった凸凹ができる。水流で動かされる砂粒がその凸凹を動いていく時に、砂粒の微妙な重さや大きさの違いなどで斜めの模様ができる。その斜めの模様の方向が、当時の水の流れる方向を表している。そのことを使って、地層がつくられた当時の水の流れの方向を調べることができる。

1960年代の終わり頃、横山卓雄さんのグループは、古琵琶湖層群の砂層の調査を行った。その砂が流されてきた方向を調べるためだ。すると、その地層がつくられた当時の水の流れは、その場所からみて琵琶湖があるのとは反対の方向を示していた。その地層よりも後の時代にできた地層を調べると、現在の琵琶湖の方向へ向いているものが見つかった。この違いを、その後のさまざまな調査と合わせて横山卓雄さんは、ある時期には現在の琵琶湖と反対へ向かっていた流れが、その後に琵琶湖の方向へ流れ出した、と考えたのである。水の流れていく方向は、その時代の地形的に低い場所を示していることから、水がたまる場所、すなわち琵琶湖は、過去にはもっと南の方向にあったのではないか、それが現在の場所へ変わってきたのではないかと考えたようだ。

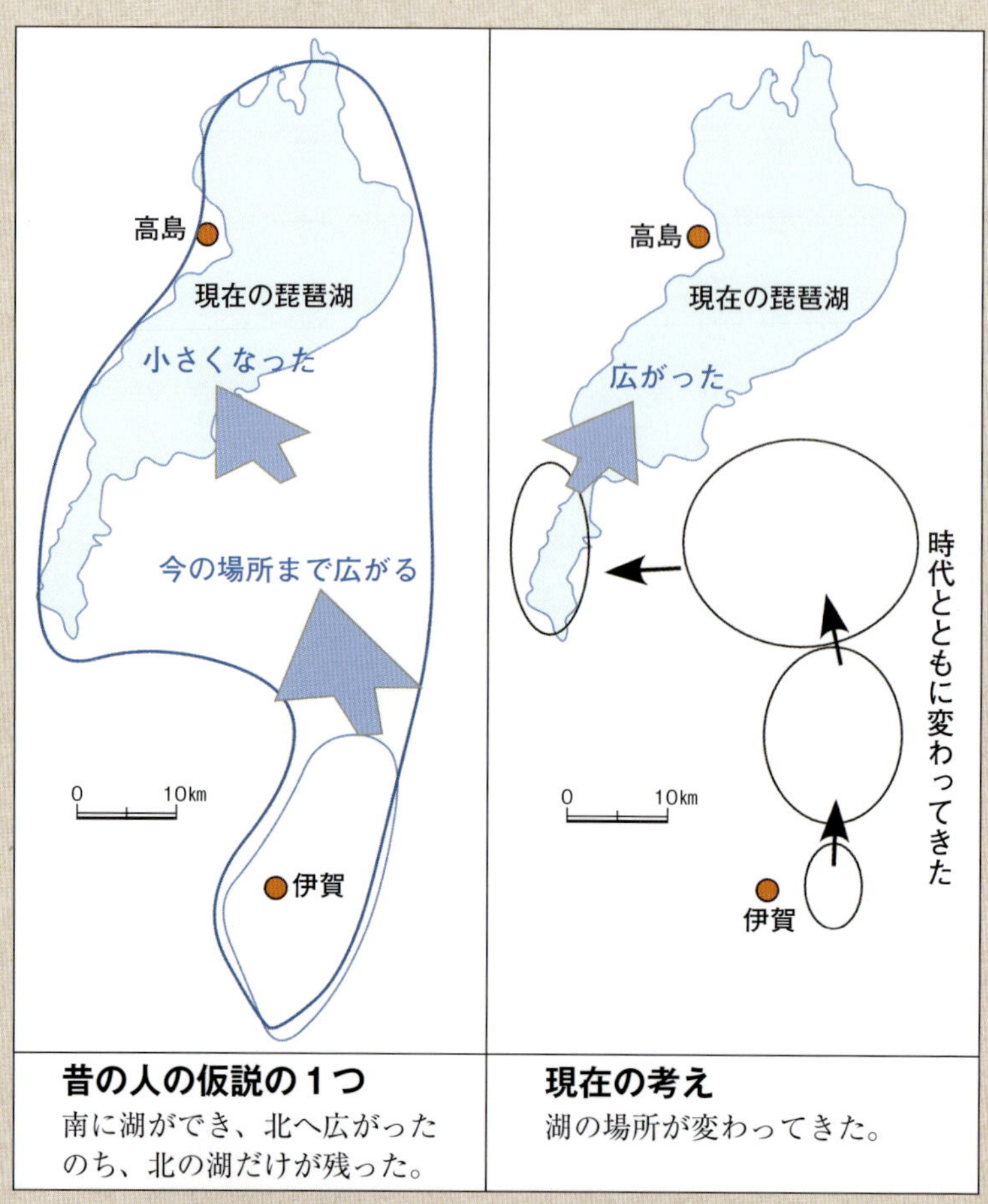

昔の人の仮説の１つ	**現在の考え**
南に湖ができ、北へ広がったのち、北の湖だけが残った。	湖の場所が変わってきた。

図20-1 古琵琶湖の変化イメージ

昔の人が考えた琵琶湖の生い立ちについての一つの仮説（左）と、現在の考え（右）。昔の人の考えにはいくつかの考えがあったようだが、そのうちの一つは、南にできた湖が現在の場所まで広がった後に、今の位置まで小さくなったというものがあった。

図20-2 流れでできる地層の模様（三重県津市）

斜交葉理（しゃこうようり）という。地層ができた時の水平面に対して斜めにできる模様という意味。写真の左から右側へ水の流れがあったことを示す。

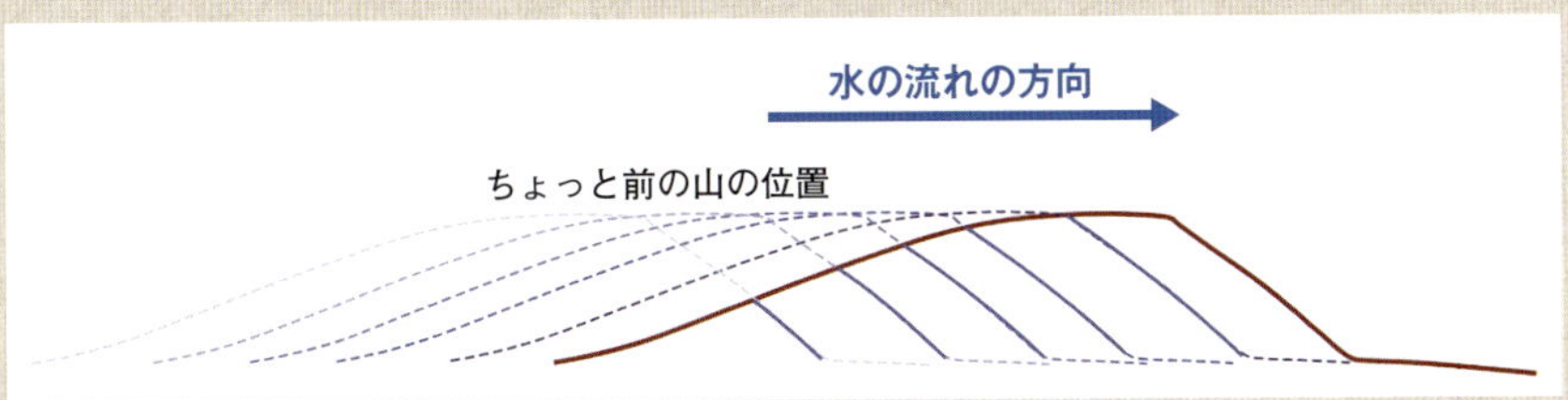

図20-3 斜交葉理のでき方のイメージ図

砂を入れた水路に水を流し続けると、下流側に急斜面をもち、上流側に緩やかな斜面をもつ山がいくつもできる。これは、水の流れによって上流側の砂の山が削られて、山の頂上を過ぎたところで落ちるために下流側では急な斜面になる、というイメージをもつとこの形を理解しやすい。図の茶色い線が、観察時の形だとすると、青色の点線は観察時の少し前の状態で、青色が薄いほど観測時からみてより前の時間にあった場所を示している。このようにして流れの方向に対して傾いた模様ができる。ただし、この模様が残るためには、上流から砂が運ばれてくる必要がある。

21 湖の移動は地面の上下動する場所の変化

琵琶湖が動いてきたというと、どんな動きをイメージするだろうか。この動き方を説明することはけっこう難しい。たとえば、水たまりがアメーバのようにうねうねと動いてきたイメージとはずいぶんと異なる。湖ができる環境とは、水がたまる地形的に低い場所、つまり凹みができていることである。現在の琵琶湖は、西岸付近にある断層帯の動きによって地盤が下がり、それによって凹みがつくられるという動きをしている。現在の琵琶湖につながるどの時代の古琵琶湖も、長い期間にわたって湖沼環境をつくっていたのであれば、それは断層運動によって存在させられていたと推定される。

たとえば、初期古琵琶湖の大山田湖（おおやまだ）は、少なくとも400万年前にはできて、360万年前まであった。そうすると40万年間もの長い間、同じ場所で湖を存続させていたことになる。次の湖である阿山（あやま）・甲賀（こうか）湖は、大山田湖よりも北の場所で320万年前には存在しており、260万年前頃になくなっていった。阿山・甲賀湖は、凹みをつくる場所が少なくとも一度変わっているが、同一の湖とみた場合には90万年間つづいている。蒲生沼沢地（がもうしょうたくち）の時代は、180万年前までの60万年間、現在の湖東平野付近にあった。その次の時代は、100万年前頃までは現在の湖南地域を中心とする付近にあった。そこから、現在の琵琶湖へとつながっていく。このように、古琵琶湖があった時代と場所をみてみると、アメーバのようにうねうねと動いてきたというよりは、数十万年間は一つの場所で湖を作り続け、ある時代に別の場所で湖ができたというイメージといえるだろう。

湖が数十万年もの期間、凹みに水をため続けるためには、その期間中は地形的にずっと凹地であり続けることが必要だ。通常、湖に水が流れ込む時には、その流れによって土砂も運ばれてくるため、埋められてしまう(第2章参照)。その時間は数千年から数万年ほどだと考えられている。しかし、どの時代の古琵琶湖も数十万年は続いていたようだ。このことから考えれば、どの時代でも、断層運動によって地盤が沈み続け、湖をつくる凹みが維持されていたといえよう。では、なぜそのことが、湖の移動と関係しているのか。

ある時代の湖が、周辺の断層運動によって同じ場所で湖を続けているとする。地盤は下がり続けるので、土砂で埋まってしまわないでいられる。次の時代には、地盤を下げる動きをする断層が止まり、別の場所の断層運動が活発化し始める。すると、初めに湖があった場所は、地盤の沈みが止まるために、次第に土砂で埋められていく。新しく動き出した断層は、その周囲の地盤を沈めるため、その付近の凹みが大きく深くなる。古い断層の周辺は凹みが土砂で埋められ、新しい断層の周囲で深い凹みがつくられる。このように、活動する断層の場所が変わった時に、水がたまる位置が変わり湖が移動する。

さて、このような湖の移動は概念的には理解できるが、このことはどうすれば実証できるだろうか。今のところ、地層の時代と分布状況、現在の琵琶湖の動きから前述のような仮説が成り立っている。しかし、これを実証するためには、各時代の断層の位置や、それらの断層の活発度合いを知る必要がある。残念ながら、今のところ、それらの情報はほとんどない。過去の断層の動きを調べられるほど、日本の地盤はおとなしくない。いつも活発に動いている断層があり、より新しい時代に動く地面のために、地面の削剥(さくはく)や、土砂の埋め立てによって、実際にはそれらを詳しく調べることが難しい。

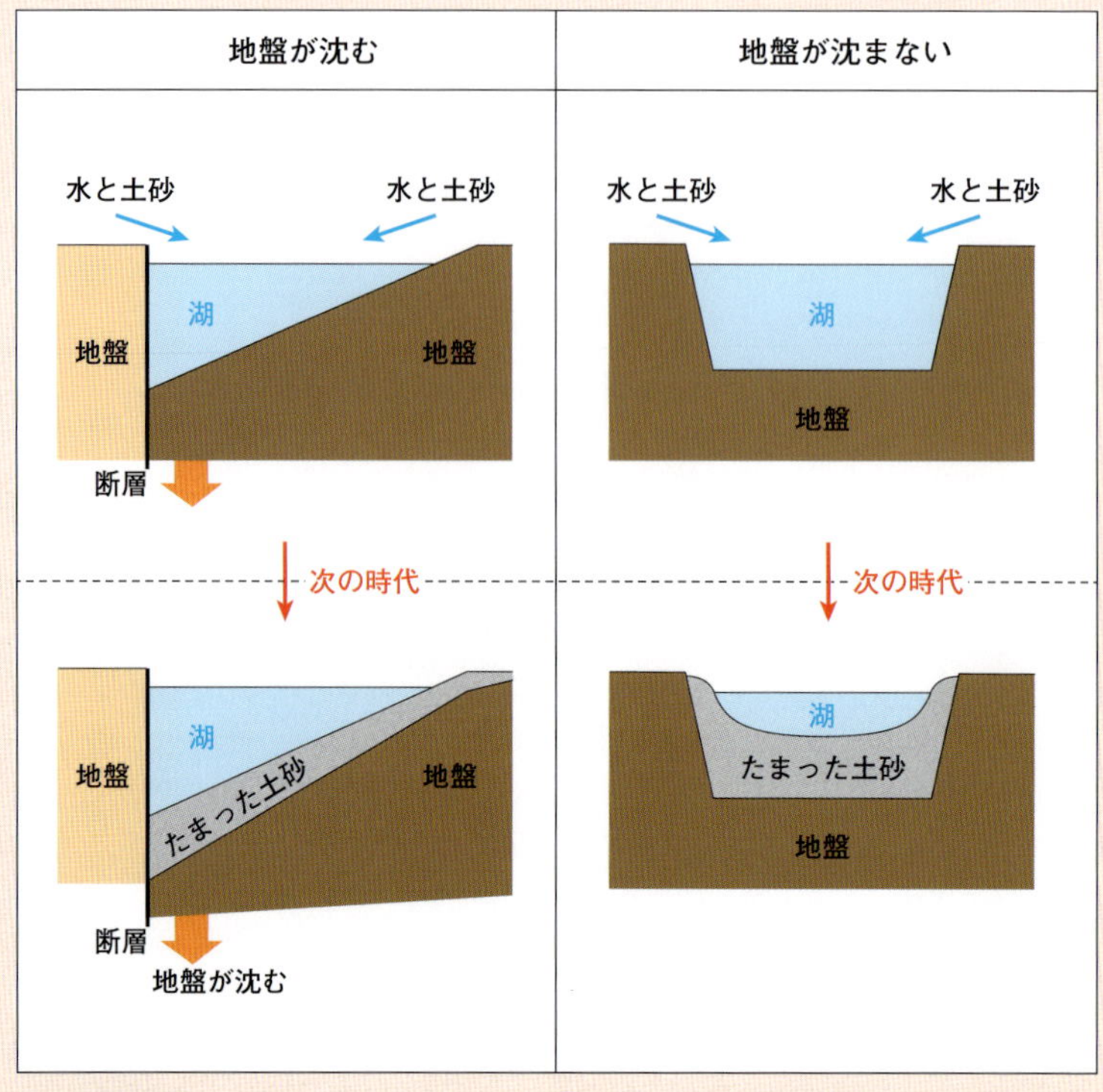

図21-1 地盤が沈む湖と沈まない湖(イメージ図)

単なる凹みは水がたまるのと同時に土砂がたまり、埋められてしまう（右図）。断層運動によって地盤が沈み続けることでできている凹みは、土砂で埋まってしまわないので、長く湖を続けられる（左図）

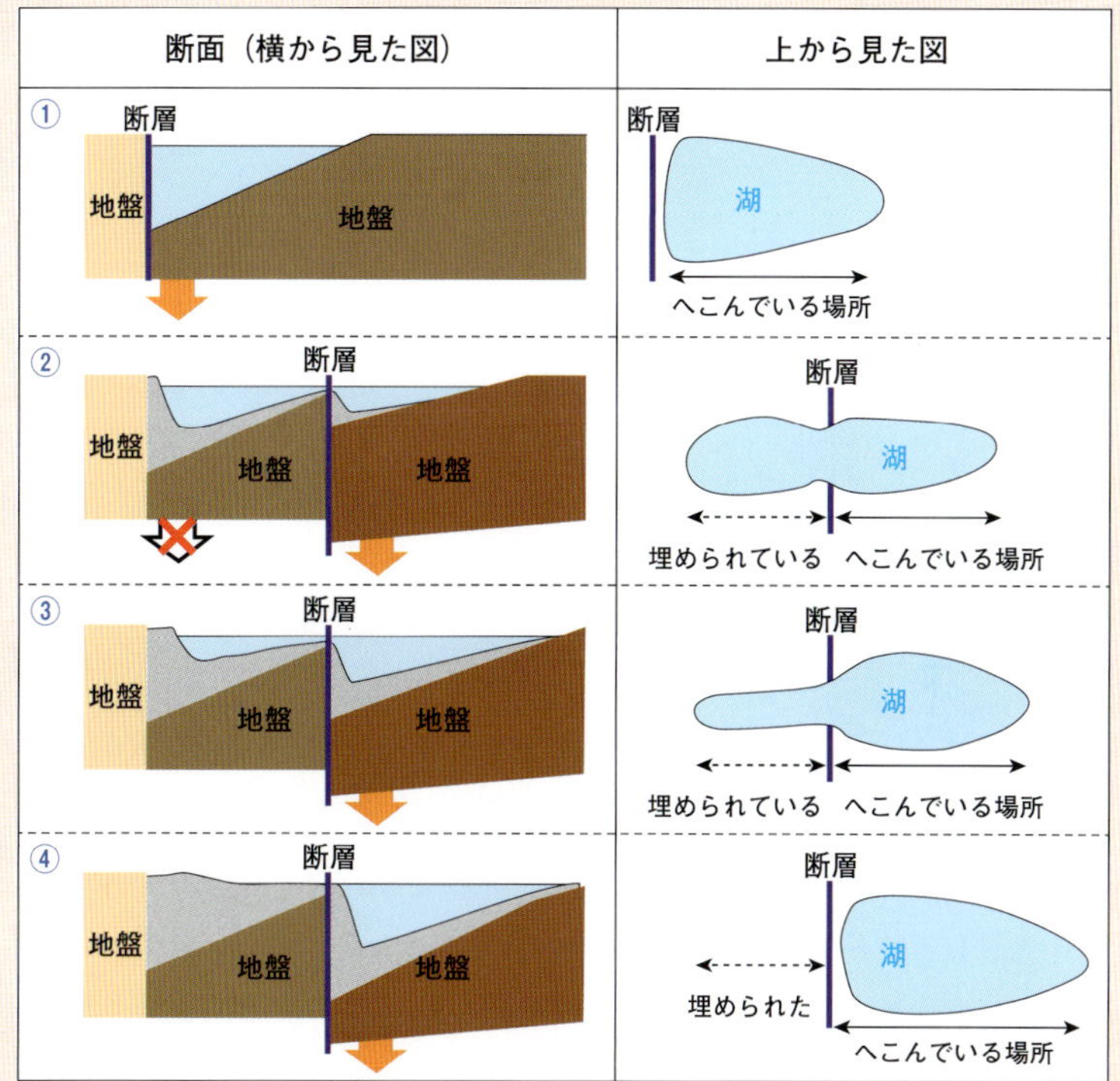

図21-2 断層による地盤の動きと湖の移動との関係（イメージ図）

上から下へ次の時代へ進んでいくイメージ。図の左側は断面で横から見た図で、右側は湖の動きを上から見た図。地盤を沈める動きをする断層の位置が変わった時（上から２番目）、初めに湖をつくっていた場所は徐々に埋め立てられる。それに対して、新しい断層で地盤が沈み始めた場所は、凹みが大きくなり、湖が広がっていく。いずれの断層も、断層より右側の地盤が沈むイメージで作成している。

図21-3

上空からみた安曇(あど)川河口付近

安曇川は、上流から土砂を運び、琵琶湖の西側を埋めている。周辺の河川からも土砂を琵琶湖へ運び込むが、土砂が埋めるよりも琵琶湖の地盤が速く沈むため、琵琶湖は埋まってしまわない。

22

地面を動かす力

なぜ地面が動くのだろう。琵琶湖が移動してきたのは、凹みをつくる場所が変わってきたためである。つまり、断層運動をする場所の変化といえる。それならば、なぜそのような、断層運動をする場所が変わっているのだろうか。結論からいうと、そのことはまだよくわかっていない。それを考えるためにまず、断層ができる原因を考えてみよう。琵琶湖に限らず、日本列島には多くの断層がある。その大元をたどると、地球全体の表面の動き、プレート運動が関係していると考えられている。

地球は、表面から中心部まで同じ物質でできた塊ではない。現在の考えでは、地球内部は中心にある核とその周りのマントルでできており、表面は地殻という殻に覆われている。輪切りにすると卵のようなイメージだ。ただ、地殻は卵の殻と違い、1枚のものではなく、いくつかに分かれている。それらは互いに動きあっている。ちょっとややこしい話だが、動いているのは地殻だけではなく、その下にあるマントルの上部まで含んだ「プレート」が動いている。地殻とマントルは、構成している岩石の種類が違うのだが、なぜだか地殻とマントルの上部までが一体となって動いているようだ。地球の表面を取り巻いているプレートは、いくつにも分かれていて、それぞれが異なる動きをしている。プレートは、基本的に地球の表面を平面的に動いている。それぞれが平面的に動いているということは、ぶつかったり離れたりすることがある。プレートがぶつかった場合、どうなるか。いくつかのパターンがあるが、日本付近にある現象は、より重たいプレートが軽いプレートの下に潜り込むことになる。日本は大陸から離れた場所にあるが、プレートとしては大陸をつくるプレート（大陸プレート）上の縁辺部にある。基本的に大陸プレートは軽く、海洋の地盤になっているプレート（海洋プレート）は重い。

日本列島は、太平洋側にある海洋プレートと、日本がある大陸プレートの境付近にある。2011年に東北地方を中心に大きな災害をもたらした地震は、海洋プレート（太平洋プレート）が大陸プレートの日本の下へ潜り込む時にできる摩擦が原因だと考えられている。琵琶湖がある近畿地方はどうだろう。この地域は、紀伊半島沖合から四国沖、九州沖までの付近で、海洋プレート（フィリピン海プレート）が大陸プレート上にある日本の地盤の下に沈み込んでいる。このように海洋プレートが日本の下に沈み込んでいることによって、日本付近はいつでも強い力を受け続けている。この力が、日本をつくる岩盤にひずみを与え、その力に耐えきれなくなった岩盤が割れ、ずれを引き起こす。この運動が断層運動だと考えられている。

現在の琵琶湖の地盤は、西側にある断層帯の運動によって沈んでいる。過去の琵琶湖、古琵琶湖が現在より南にあったことから、過去には活発に動く断層の場所はもっと南にあったと推定される。このような断層運動をする場所の変化は、海洋プレートが日本の下へ沈み込むという、プレート運動と関係していると考える研究者は多い。しかし、それがどういうメカニズムによって変化するかについてはわかっていない。現在の琵琶湖がこの場所で長く湖を続けているのも、周りの山が高くなったことも、日本の複雑な凹凸のある地形をつくっているのは、地球全体のプレート運動を大元（おおもと）としている。つまり、日本の地形をつくるのは地球の動きと関係しているのだ。

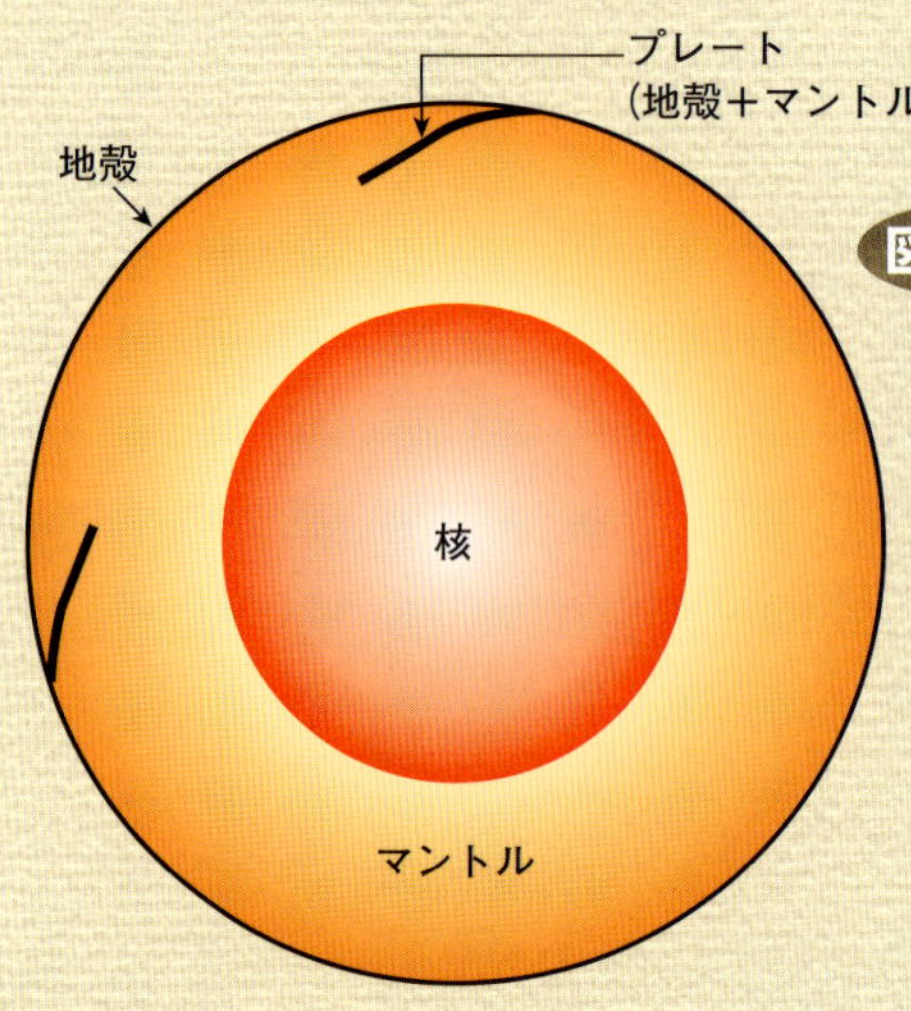

図22-1 地球を輪切りにした時のイメージ図

中心に核、その周りにマントル、地球の表面部分は、地殻と呼ばれるものでできているとされる。この区分の仕方は、岩石の種類による区分。プレートは、地殻とその下にあるマントルの上の部分までの部分でできており、一体となって動いている（木村・大木, 2013 参照）

図22-2 日本周辺のプレート境界

日本列島周辺のプレート境界（国土地理院「電子国土Web」を参考に作成)。日本列島周辺の大陸プレートと海洋プレートの境界（および海洋プレートと海洋プレートの境界）は、海溝の位置とほぼ同じ。海のプレートが日本列島に向かってぶつかって、下へ沈みこんでいる。

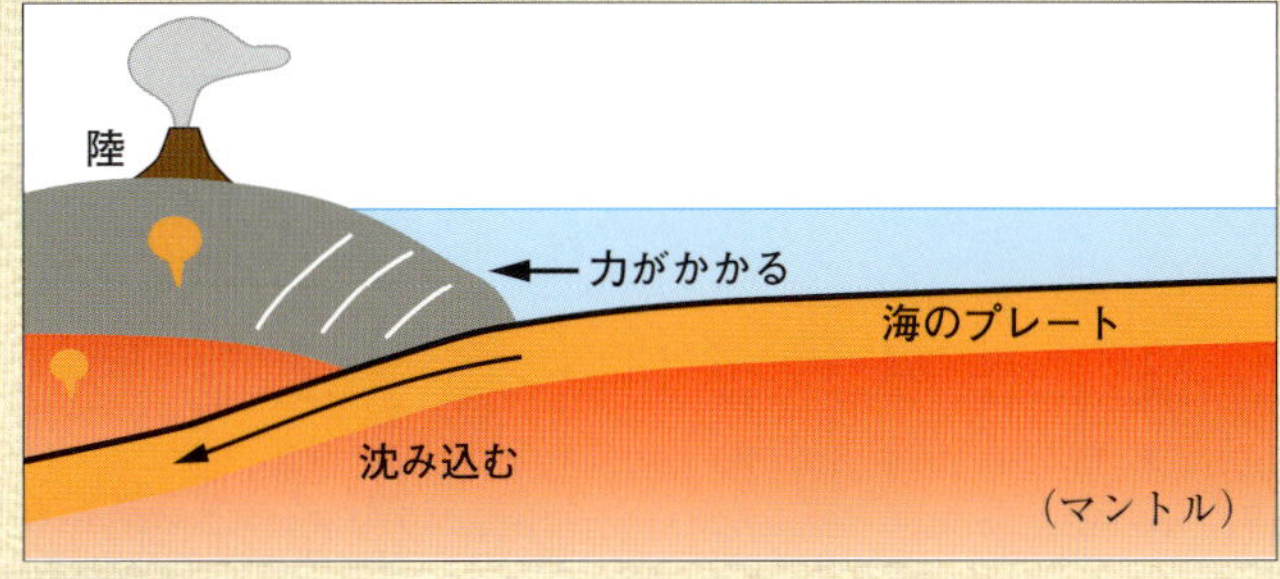

図22-3 動くプレートのイメージ図

日本列島付近の地球表層部分の断面イメージ図。海のプレート（海洋プレート）が、日本列島の下に潜り込み、その力で日本の地盤が押されるために、岩盤が割れる。何度も割れる場所は、活断層として地盤が動きやすいところになり、地盤を高くしたり低くしたりする。

図22-4 地層中に見られる断層（高島市（たかしまし））

写真の右下から左上へ断層が見られる（青色の破線）。断層の上側が下側の上へ乗り上げるようにして動いたと考えられる（赤色矢印の方向が地盤の動き）。写真から読み取られる見かけ上の動きからは逆断層と考えられる。プレートの動きによって、日本の地盤は大きな力を受け続けており、深いところの岩盤が割れることで、それが地表まで伝わると、地上で断層が確認できる。

23 いつからが琵琶湖

琵琶湖は約440万年前からある。これは、地層の研究から考えた、水環境のつながりの歴史である。現在の琵琶湖湖底下にある地層は、琵琶湖周辺の丘陵から三重県伊賀市付近へ続く丘陵に分布する地層と、時代的に重なる。そのことから、その地層のもっとも古い年代である440万年前まで続くおいたちがあると考えている。

地層がつくられる環境は、地形的に低い場所であり、また、それが長く続くためには、土砂で完全に埋められてしまわないよう、低くなり続ける場所であることが必要だ。琵琶湖は、その場所が時代とともに移り変わってきた。また、その変わり方は「徐々に」ではない。数十万年間は同じ場所にあり、その次の数十万年間は別の場所、という具合だ。地層ができる環境は、多くの場合、水環境が関係している。崖崩れなどで生産された土砂が、川の流れで低い場所へ運ばれ、より低い位置の湖沼にもたまる。琵琶湖のおいたちをみた場合、少なくとも440万年間は、水環境が現在まで続いてきたことを地層が物語っている。しかし、この水環境とは、必ずしも湖沼環境を意味していない。

今のところ、古琵琶湖を含めた琵琶湖のおいたちは、440万年前から始まり、初めの古琵琶湖である大山田湖（おおやまだ）は、400万年前にはすでにあり、360万年前までは存在していた。次の湖は、大山田湖の北側の旧阿山町（あやま）（現、伊賀市（いが））付近にできる。約320万年前にはあったようで、より北側の甲賀市付近に湖の中心を移しながらも、260万年前頃まで続いた。阿山・甲賀湖の時代である。その後、凹みをつくる場所は、より北へ変わり、日野町（ひの）付近に小さな湖沼の集まりができた。蒲生沼沢地の時代である。これは約１８０万年前まで続く。次の時代は、まだ検討の余地はあるものの、現在の考えでは、川（を主体とする環境）の時代になった。その後、約１００万年前に、現在の南湖付近に湖ができる。堅田湖の時代であり、その後のおおよそ43万年前には、湖が北湖まで広がった。

以上のような琵琶湖のおいたちを考えると、４４０万年前から現在まで、地層のできる環境が続き、つねに水環境がこの地域にあったことがわかる。しかし、それぞれの時代を特徴づける湖は、次の時代の湖へとつながっていただろうか。このことはいまだに大きな謎であるが、これまでの研究においては、たとえば湖の移動について、過去の水の流れから説明した横山卓雄さんは、現在の場所の琵琶湖とそれ以外の場所の古琵琶湖とは別の湖だと考えていたようだ。地盤の変化から琵琶湖のおいたちを説明した山形大学の川辺孝幸さんは、それぞれの湖の間の時代には、安定した湖がなくなった時期があり、堅田湖ができる以前は、河川を中心とした環境になったとの考えを示している。このことから、湖としての歴史は堅田湖の前で一度途絶えたと考えられる。これまでの研究者の考えからすれば、湖としてのつながりという観点からは、現在の琵琶湖は現在の場所で発達し、堅田湖の時代から、つまり１００万年前頃から続いているといえるだろう。琵琶湖の４００万年のおいたちは間違いないが、広い止水域のつながりとしては、１００万年前からとなる。

しかしながら、大津市南郷付近や琵琶湖博物館がある烏丸半島付近にある１８０万年前頃の泥層が示す湖沼環境との関係は、まだよくわかっていない。これらの謎が解き明かされると、琵琶湖のおいたちのイメージがまた変わるかもしれないと考えている。

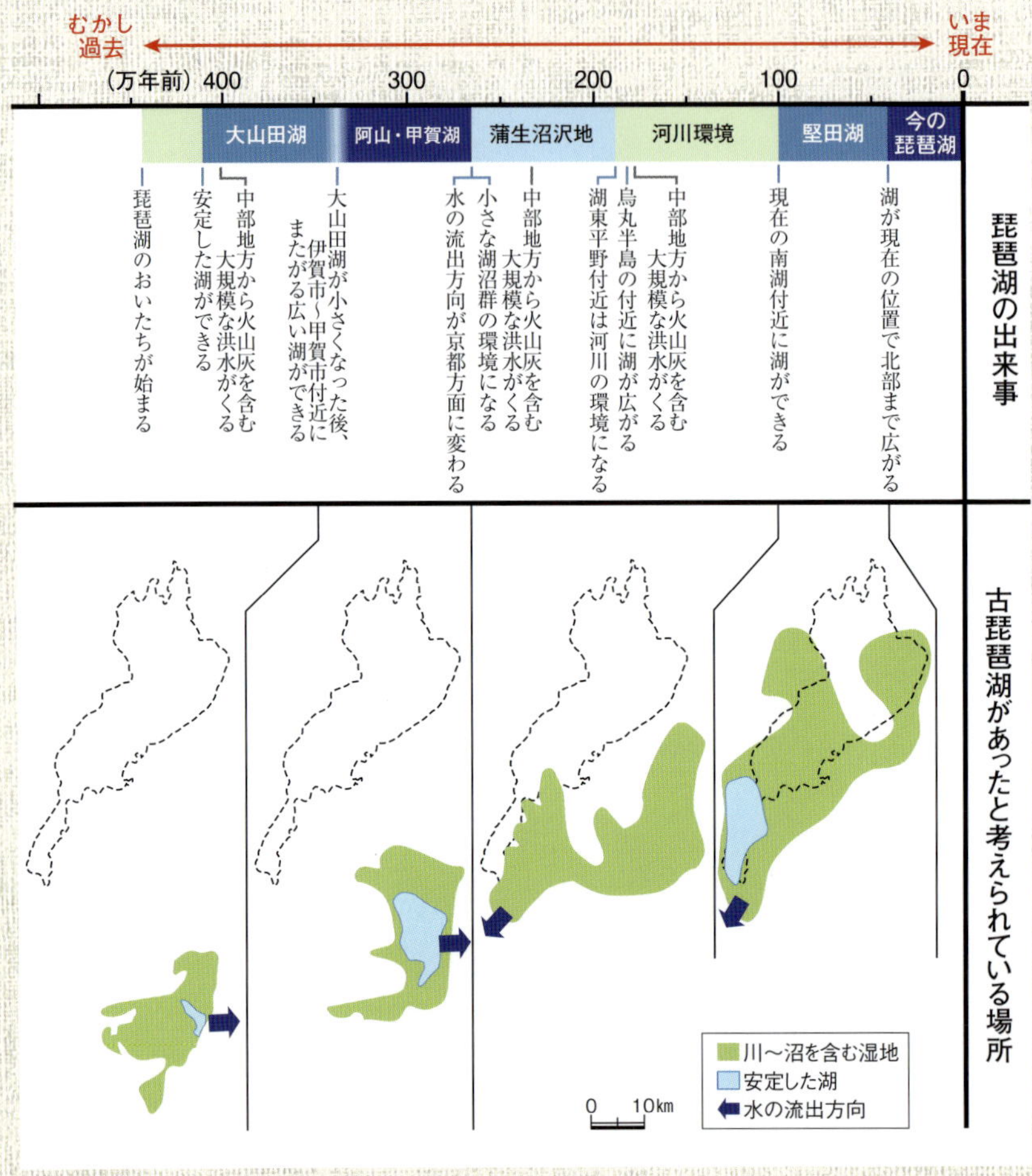

図23-1 琵琶湖のおいたち年表

地層から理解される出来事をまとめた。

琵琶湖はいつできた

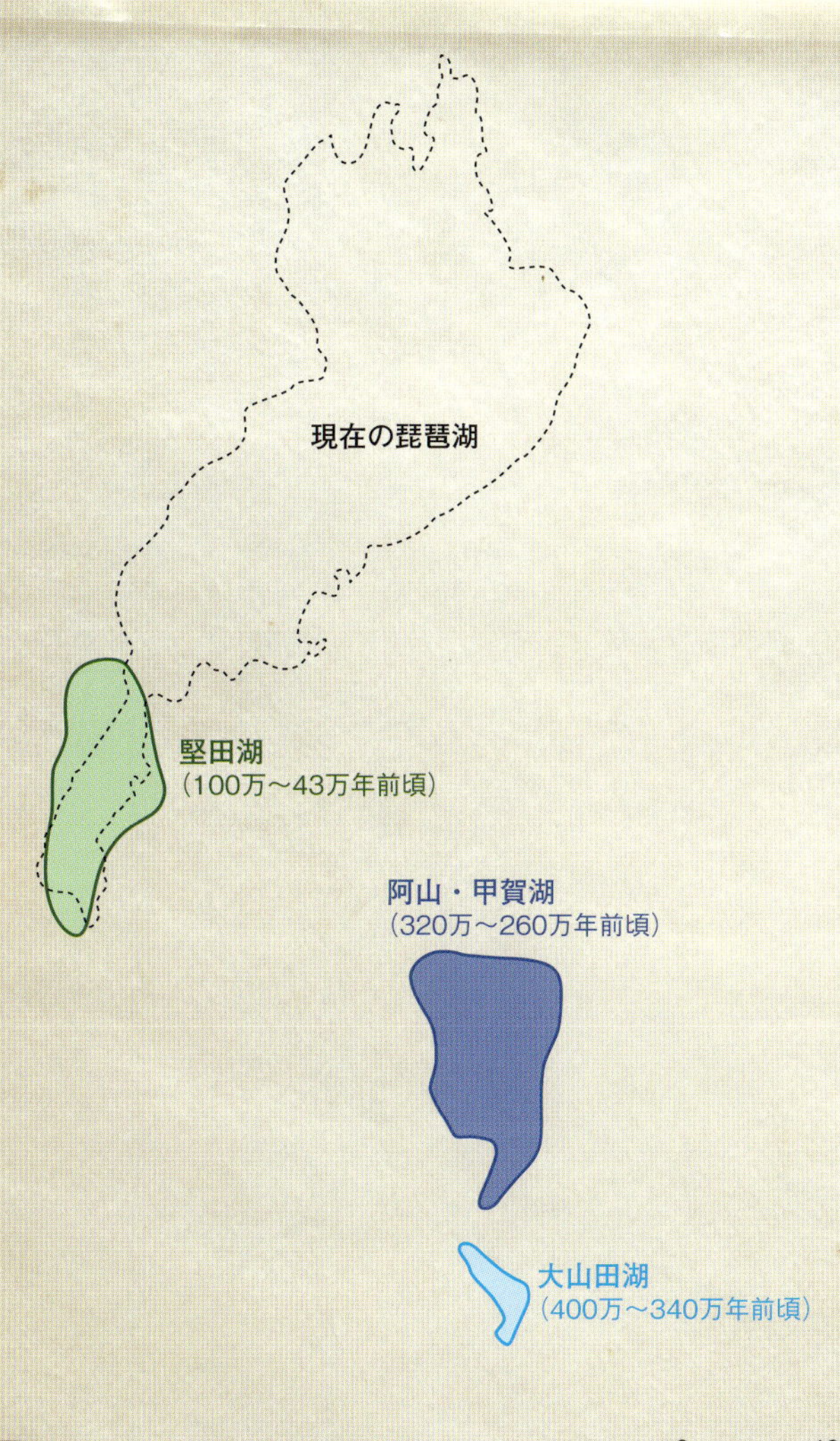

図23-2 古琵琶湖の場所

それぞれの古琵琶湖の年代は、その地層の年代から求めたが、大きさや位置については、おおよその位置。蒲生沼沢地の時代には、現在の湖東平野東部から鈴鹿山脈の麓付近まで広がっていたと考えられる。現在の考えでは、蒲生沼沢地のあと、堅田湖まで湖環境が途切れていたと考えられている。

24 これからどうなる？

「琵琶湖は3㎝の速さで北へ動いている」という話がある。これは誤解をうむ表現だ。滋賀県の人は、琵琶湖が移動してきたことを知っている人が多い。おそらく、学校で習ったかと思うが、その時に伝えられたもう一つの件が、冒頭の話である。これは横山卓雄さんの著書からだと思うが、ご本人もその著書の中で、移動距離と年数の平均値、と述べている。そのことからも、現在の湖がその速さで動いていることを意味していない。

現在の琵琶湖のでき方を振り返ってみよう。おおよそ100万年前に堅田(かたた)丘陵を含む南湖あたりにできた湖を堅田湖とよんでいる。この湖は今の琵琶湖のもとになっている。この湖が43万年ほど前に北部へ広がったと考えられている。43万年前に広がった要因は、北部地域の断層運動が活発化したためとの考えがある。しかしそれだけではなく、この時期までは、現在の北湖の場所には山があった（第10章参照）。北湖をつくるためには、その山を低くし、谷を土砂で埋めて平らにし、さらに水をためるための凹みをつくる必要があった。それができたのが、おおよそ43万年前である。それからずっと、北湖のある場所では、湖を作り続けてきたといえる。つまり、現在の琵琶湖は、何十万年間も、また現在もずっとこの場所で湖をつくるための断層運動を続けてきたことになる。

湖の移動を、湖の広がりという視点で考える。たとえば、北湖へ広がったあと、湖は東へ広がった（第6章参照）。これは、湖の西側にある断層が、断層の近くで深く沈み、離れた東側は少ししか沈まないという地盤の運動による。この動きが、琵琶湖の東側の緩やかな斜面をもった地形をつくった。そのため、地盤が深くなると湖は東へゆっくり広がる。では、北側へはどうか。それには琵琶湖の北側の地形を見なければならない。現在の琵琶湖の北岸は岩礁帯である。そのような湖岸になるのは、岩盤でできた山があるためだ。急な斜面をもつ山では、いくら沈んでもなかなか湖は広がらない。そう、43万年前より前の北湖付近にあった山のように。以上のことから考えても、現在の琵琶湖は年間３㎝北へ動いてはいない。つまり、今の琵琶湖は北進していないのである。

　では、琵琶湖はこのまま、現在の場所でその一生を終えるのだろうか。その答えは「誰にもわからない」だ。これまでの琵琶湖のおいたち、すなわち４４０万年前から現在までの環境の変化を考えれば、湖は北へと場所を変えてきた。この変化が今後も続く可能性はある。琵琶湖の北方地域は山がある。その山にみられる谷の地形は、断層でできたものが知られている。たとえば、北陸自動車道が通っている谷は、柳ヶ瀬（やながせ）断層にそってできている。これらの断層が今後、どのような動きをするかについては、残念ながら予測ができない。しかし、現在の琵琶湖ができる以前のその場所に高い山があったことを考えると、現在の琵琶湖北方地域にある山の場所が、将来的にその地盤を下げる運動をする可能性も考えられる。もし、断層がそのような運動をすることで、北方地域の地盤が低くなれば、水がたまる環境はより北へ移動するだろう。その頃には現在の琵琶湖の形とは大きく異なっていることだろう。その時、南湖はどうなっているのだろうか。水の排出口は瀬田川のままだろうか。それらも含めて、誰にもわからない。

　ただ、そうなるとしてもその頃にはおそらくではあるが、人類はいないだろう。移動してきた時間を考えると、数十万年の時間が必要だろうから。

図24-1 **琵琶湖北部の湖岸**

北部の湖岸は、基本的に岩礁帯で、山をつくる岩盤が直接接しているところが多い。そのため、この付近の地盤が下がっても、琵琶湖は北へあまり広がらない。

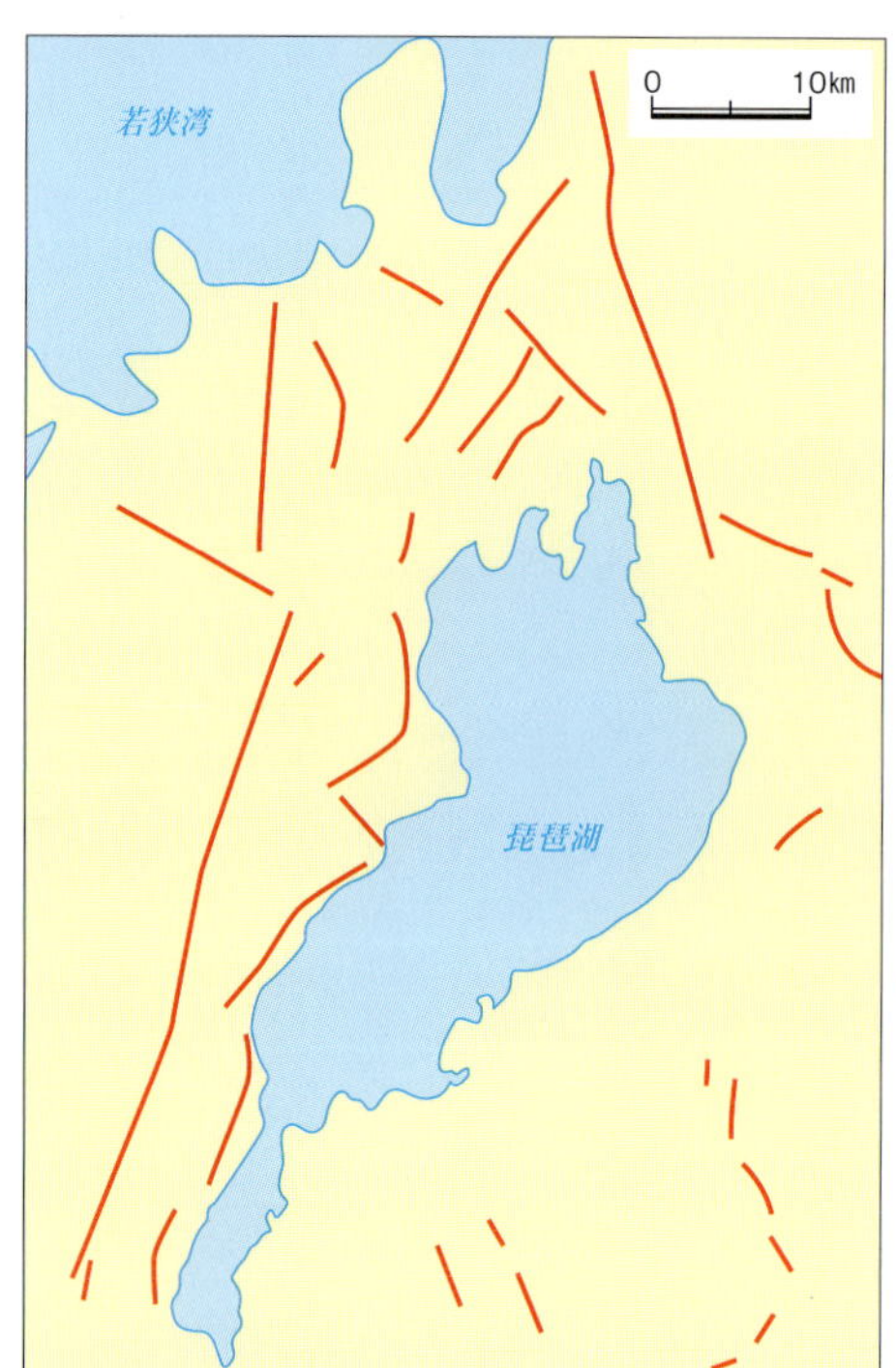

図24-2

琵琶湖周辺の断層

(加藤・杉山、1985；水野ほか、2002を簡略化)

現在は、西側と北側に活動する断層が多い。北側の断層の動きが活発化すれば、湖が北へ移動するかもしれない。

図24-3 音羽山（おとわやま）からみた南湖

琵琶湖では、南にある小さい方の湖という印象があるが、山から眺めると広い湖にみえる。100万年前から続いてきたと考えられる南湖付近は、今後どうなっていくのだろうか。

おわりに

私の生活拠点になっている滋賀県南部地域は、それほど都会というわけではないが、それでも周りには住宅が建ち並び、道路が発達し、車が行きかっている。この風景は、今では見慣れたものになっているが、20年ほど前には、田んぼや畑が今よりもっとたくさんあった。その5年ほど前には、琵琶湖岸へつながる道路は今より少なく、湖岸の周辺はまだ整備中であり、琵琶湖博物館がある烏丸（からすま）半島も整備前だった。

本書のテーマは、長い時間の経過からみた琵琶湖の移り変わりである。人間がつくる建物や道路は、短い時間で風景を急速に変化させていく。このような短い時間で起こる風景の変化は、人間がもたらしたものではあるが、短い時間で起こる変化は人間だけがもたらすものではない。私たち人間にとって、わかりにくいものかもしれないが、自然環境はつねに変化している。たとえば、草木が生えかわり、河原の形は絶えず変わっている。私たちにとって一番目につく変化が起こる時は、地震、火山噴火、台風、洪水、地滑り、崖崩れ、などの人にとって災害に結びつく自然現象が起こる時である。一度そのようなことが起きると、その地域の風景は大きく変わる。人間が風景を変えるのは、それが自分たちの暮らしやすさにつながっているためであろう。しかし、自然環境が行う風景の変化は、当然のことながら人間の都合を考えてはくれない。どちらかというと、災害につながるようなものが多く、人びとが望まない変化といえる。

現在の琵琶湖がなぜこの場所にできたのか。まだ謎は多い。けれども、この場所で数十万年もの長い期間、ずっと湖でいられる理由は、琵琶湖の西側にある断層帯の運動によるものである。この動きがなければ、琵琶湖はできなかった。断層の運動は、地面を揺り動かす。つまり、地震を起こす。滋賀県は、京都の隣にあるため、この地域で起こった歴史上の大規模な災害は、史料として残されているものも多い。寛文(かんぶん)地震と呼ばれている江戸時代に起こった地震では、琵琶湖の西方にある花折(はなおり)※断層の系統が動いた可能性があるとされる。この時の京都の被害は相当なものだったらしい。この時に断層はどれくらい動いたのだろうか。平成になってから近畿地方で起きた大規模な地震として、兵庫県南部地震（阪神大震災を起こした地震）がある。地表に断層が現れたことから、現在もその断層が現地で保存されている。この地震での断層の動きは、大きな場所で縦方向に1mほどである。現在の琵琶湖の最深部は100mを超えている。その下には900mもの堆積物がたまっている。それだけで少なくとも1000mほど地面を下げたといえる。いったいどれだけの地震を起こせば琵琶湖ができるのだろう。

琵琶湖は、日本で最も広い湖であり、近畿の水瓶(みずがめ)といわれたこともあるように、その存在が、京都や大阪、また滋賀の人びとを水に困らせないでいる。また、多様な生き物をはぐくむ場でもある。これだけ人びとにとって重要なもの、さまざまな恩恵を与えてくれる琵琶湖は、人間にとって大変やっかいな地震を起こす地球のいとなみによって維持されている。このような、自然の関係性は、琵琶湖だけに限ったことではない。日本の複雑な地形は、何をもたらしているだろうか。そのことに思いを巡らすと、周りの環境が違って見えてくるかもしれない。

※花折断層は「はなおりだんそう」と読む。一般に使用される「はなおれ」という読みは間違いであることが、この断層を命名した中村新太郎（1928：地球、10，327-335）の英語タイトルからわかる。

本書を作成するにあたって、多くの方にお世話になった。京都大学の竹村恵二さん、早稲田大学の井内美郎さんには画像の使用を許可いただいた。琵琶湖博物館研究協力員の石田志朗さんには、古琵琶湖層群の研究史、とくに初期の頃の考え方や文献をご教授いただいた。琵琶湖博物館館長の篠原徹さんと副館長の高橋啓一さんには、原稿を修正いただいた。また、本書の内容は、私の考えでまとめてはいるが、これまでに行われてきたさまざまな研究者による成果を引用させていただいた。もちろんその中には、私が琵琶湖博物館に来てから、多くの方々と一緒に調べてきた琵琶湖のおいたち研究の成果も含まれている。これらみなさんの協力がなければ本書はできなかった。記して感謝いたします。

【参考文献等】

琵琶湖基盤地質研究会 編（２００１）琵琶湖のカルデラ形成史の研究．琵琶湖博物館研究調査報告，no. 15，琵琶湖博物館，１２０P．

檀原　徹・山下　透・岩野英樹・竹村恵二・林田　明（２０１０）琵琶湖 1400m 掘削試料の編年：フィッション・トラック年代とテフラ同定の再検討．第四紀研究，49，１０１-１１９．

原山　智・宮村　学・吉田史郎・三村弘二・栗本史雄（１９８９）御在所山地域の地質．地域地質研究報告（５万分の１地質図幅），地質調査所，１４５P．

林　隆夫（１９７４）堅田丘陵の古琵琶湖層群．地質学雑誌，80，２６１-２７６．

Hayashida, A., Kamata, H. and Danhara, T.（1996）Correlation of widespread tephra deposits based on paleomagnetic directions: Link between a volcanic field and sedimentary sequences in Japan. Quaternary International, 34-36, 89-98.

Horie, S.（ed.）（1983）Paleolimnology of Lake Biwa and the Japanese Pleistocene. Paleolimnology of Lake Biwa and the Japanese Pleistocene, 11, Institute of Paleolimnology and Paleoenvironment on Lak Biwa Kyoto University, 99p.

堀江正治 編（１９８８）琵琶湖底深層１４００ｍに秘められた変遷の歴史．同朋舎出版，２８４P．

保柳康一・公文富士夫・松田博貴（２００４）堆積物と堆積岩．日本地質学会フィールドジオロジー刊行委員会編，フィールドジオロジー３，共立出版，１７１P．

池辺展生（１９３３）琵琶湖西方の古琵琶湖層．地球，４号，２４１-２６０．

池辺展生（１９３４）鈴鹿山脈西側近江甲賀郡下の新生界．地質学雑誌，41，３９９-４０１．

池辺展生（１９５２）地球の歴史文庫 貝の化石．福村書展，１２２P．

池辺展生・市川浩一郎（１９５４）日本列島の歴史．毎日新聞社，32P．

International Commission on Stratigraphy（2017）Global Boundary Stratotype Section and Point（GSSP）of the International Commission on Stratigraphy. http: //www.stratigraphy.org/ GSSP/ index.html.

石田志朗（１９６４）未来の琵琶湖．科学の実験，15，共立出版，６９２−６９８．

石田志朗・河田清雄・宮村　学（１９８４）彦根西部地域の地質．地域地質研究報告（5万分の1地質図幅），地質調査所，１２１P．

Kakioka, R., Kokita, T., Tabata, R., Mori, S. and Watanabe, K.（2013）The origins of limnetic forms and cryptic divergence in Gnathopogon fishes（Cyprinidae）in Japan. Environmental Biology of Fishes, 96, 631-644.

烏丸地区深層ボーリング調査団 編（１９９９）琵琶湖東岸・烏丸地区深層ボーリング調査．琵琶湖博物館研究調査報告，12号，滋賀県立琵琶湖博物館，１６７P．

Kataoka, K.（2005）Distal fluvio-lacustrine volcaniclastic resedimentation in response to an explosive silicic eruption: Pliocene Mushono tephra bed, central Japan. Geological Society of America, Bulletin, 117, 3-17.

Kataoka, K. and Nakajo, T.（2002）Volcaniclastic resedimentation in distal fluvial basins induced by large-volume explosive volcanism: the Ebisutoge-Fukuda tephra, Plio-Pleistocene boundary, central Japan. Sedimentology, 49, 319-334.

加藤碵一・杉山雄一（１９８５）活構造図「金沢」．1:500,000 活構造図，第10号，地質調査所．

川邊孝幸（１９８１）琵琶湖南東方，阿山・甲賀丘陵付近の古琵琶湖層群．地質学雑誌，87，４５７−４７３．

川辺孝幸（１９８６）上野盆地西部，花ノ木丘陵の古琵琶湖層群．地球科学，40，３８３−３９８．

Kawabe, T.（1989）Stratigraphy of the lower part of the Kobiwako Group around the Ueno basin, Kinki district, Japan. Journal of Geosciences Osaka City University, 32, 39-90.

川辺孝幸（１９９０）古琵琶湖層群―上野盆地を中心に―．アーバンクボタ，no. 29，30−47．

川辺孝幸（１９９４）琵琶湖のおいたち．琵琶湖自然史研究会 編，自然史双書5 琵琶湖の自然史，八坂書房，25‒72．
川辺孝幸・高橋裕平・小村良之・田口雄作（１９９６）上野地域の地質．地質調査研究報告（5万分の１地質図幅），地質調査所，99Ｐ．
木村　学・大木勇人（２０１３）図解プレートテクトニクス入門，ブルーバックス，Ｂ‒１８３４，講談社，２２２Ｐ．
木村克己・吉岡敏和・井本伸広・田中里志・武蔵野実・高橋裕平（１９９８）京都東北部地域の地質．地域地質研究報告（5万分の１地質図幅），地質調査所，89Ｐ．
Kurokawa, K., Ohashi, A., Higuchi, Y. and Satoguchi, Y.（2004）Correlation of the late Pliocene Mushono-Shiraiwa Tephra Beds in the Kobiwako and Kakegawa Groups to the Kyp-NA11-Jwg4 Tephra Beds in the Niigata region, central Japn. Memoirs of the Faculty Education and Human Sciences（Natural Sciences）, Niigata Univ., 6, 107-120.
Kuwae, M., Yoshikawa, S. and Inouchi, Y.（2002）A diatom record for the past 400 ka from Lake Biwa in Japan correlates with global paleoclimatic trends. Palaeogeography, Palaeoclimatology, Palaeoecology, 183, 261-274.
町田　洋・新井房夫（１９７６）広域に分布する火山灰―姶良Tn火山灰の発見とその意義―．科学，46，３３９‒３４７．
町田　洋・新井房夫（２００３）新編火山灰アトラス［日本列島とその周辺］．東京大学出版会，３３６Ｐ．
Masuda, F., Saitoh, Y. and Satoguchi, Y.（2010）Depositional environments and a paleogeographic position for the Pleistocene basal part of the Karasuma Deep Drilling Core from Lake Biwa, central Japan. The Quaternary Research（Daiyonki-Kenkyu）, 49, 121-131.
松下　進（１９５３）日本地方地質誌 近畿地方．朝倉書店，２９３Ｐ．

Meyers, P.A., Takemura, K. and Horie, S. (1993) Reinterpretation of Late Quaternary sediment chronology of Lake Biwa, Japan, from correlation with marine glacial-interglacial cycles. Quaternary Research, 39, 154-162.
三村弘二・河田清雄（１９７０）湖東流紋岩類．地質学雑誌，76，１１０．
三村弘二・片田正人・金谷　弘（１９７６）琵琶湖南東八尾山地域の湖東流紋岩類の火成作用．岩石鉱物鉱床学会誌，71，３２７–３３８．
宮地良典・楠　利夫・武蔵野　實・田結庄良昭・井本伸広（２００５）京都西南部地域の地質．地域地質研究報告（5万分の1地質図幅），産総研地質調査総合センター，90 P．
宮村　学・三村弘二・横山卓雄（１９７６）彦根東部地域の地質．地域地質研究報告（5万分の1地質図幅），地質調査所，57 P．
宮村　学・吉田史郎・山田直利・佐藤岱生・寒川旭（１９８１）亀山地域の地質．域地質研究報告（5万分の1地質図幅），地質調査所，１２８P．
水野清秀・寒川　旭・関口春子・駒沢正夫・杉山雄一・吉岡敏和・佐竹健治・苅谷愛彦・栗本史雄・吾妻　崇・須貝俊彦・粟田泰夫・大井田徹・片尾　浩・中村正夫・森尻理恵・広島俊男・村田泰章・牧野雅彦・名和一成（２００２）活構造図「京都（第2版）」．１：５０００００活構造図，第11号，地質調査総合センター．
長橋良隆・里口保文・吉川周作（２０００）本州中央部における鮮新・更新世の火砕堆積物と広域火山灰層との対比および層位噴出年代．地質学雑誌，１０６，51–69．
長橋良隆・吉川周作・宮川ちひろ・内山高・井内美郎（２００４）近畿地方および八ヶ岳山麓における過去43万年間の広域テフラの層序と編年―ＥＤＳ分析による火山ガラス片の主要成分化学組成―．第四紀研究，43，15–35．
中江　訓・吉岡敏和・内藤一樹（２００１）竹生島地域の地質．地域地質研究報告（5万分の1地質図幅），地質調査所，71 P．

中川　毅・奥田昌明・米延仁志・三好教夫・竹村恵二（２００９）琵琶湖の堆積物を用いたモンスーン変動の復元—ミランコビッチ＝クズバッハ仮設の矛盾と克服—．第四紀研究，48，２０７-２２５．

中村新太郎（１９２９）日本に於ける洪積統の分層．日本学術協会報告，5，１１５-１１７．

中野聰志・川辺孝幸・原山　智・水野清秀・高木哲一・小村良二・木村克己（２００３）水口地域の地質，地域地質研究報告（5万分の1地質図幅），産総研地質調査総合センター，83Ｐ．

西田史朗・高橋　豊・竹村恵二・石田志朗・前田保夫（１９９３）近畿地方へ東から飛んできた縄文時代後・晩期火山灰層の発見．第四紀研究，32，１２９-１３８．

西岡芳晴・尾崎正紀・山本孝広・川辺孝幸（１９９８）名張地域の地質．地域地質調査報告（5万分の1地質図幅），地質調査所，72Ｐ．

産業技術総合研究所地質調査総合センター，地質図表示システム地質Navi　https://gbank.gsj.jp/geonavi/

里口保文（２０１０）琵琶湖堆積物の長時間スケール層序と構造運動の復元．第四紀研究、49，85-99．

里口保文（２０１５）古琵琶湖層群下部層序の再検討．地質学雑誌，１２１，１２５-１３９．

里口保文（２０１７）古琵琶湖堆積盆周辺の古水系変化の検討．化石研究会会誌，50，60-70．

里口保文・服部昇（２００８）中部更新統古琵琶湖層群上部と上総層群上部の火山灰層対比．第四紀研究，47，15-27．

Satoguchi, Y. and Nagahasi, Y. (2012) Tephrostratigraphy of the Pliocene to Middle Pleistocene Series in Honshu and Kyushu Islands, Japan. Island Arc, 21, 149-169.

里口保文・樋口裕也・黒川勝己（２００５）東海層群に挟在する大田テフラ層と三浦層群のテフラ層との対比．地質学雑誌，１１１，74-86．

里口保文・池田俊夫・石田志朗（２０１３）山城丘陵から検出されたMsn-Jwg4テフラ．日本地質学会第１２０年学術大会講演要旨，68．

Schmincke, Hans-Ulrich 著・隅田まり・西村裕一 訳（２０１０）火山学．古今書院，３５４P．

Smith, V.C., Staff, R.A., Blockley, S.P.E., Ramsey, C.B., Nakagawa, T., Mark, D.F., Takemura, K., Danhara, T., Suigetsu 2006 Project Members（2013）Identification and correlation of visible tephras in the Lake Suigetsu SG06 sedimentary archive, Japan: chronostratigraphic markers for synchronising of east Asian/west Pacific palaeoclimatic records across the last 150 ka. Quaternary Science Reviews, 67, 121-137.

Tabata R. and Watanabe, K.（2013）Hidden mitochondrial DNA divergence in the Lake Biwa endemic goby Gymnogobius isaza: implications for its evolutionary history. Environmental Biology of Fishes, 96´ 701-712.

多賀町古代ゾウ発掘プロジェクト事務局・高橋啓一 編（２０１７）多賀町古代ゾウ発掘プロジェクト報告書 １８０-１９０万年前の古環境を探る．多賀町教育委員会，１０５P．

高橋正樹・小林哲夫編（１９９８）関東・甲信越の火山I．フィールドガイド日本の火山①，築地書館，１６６P．

高橋正樹・小林哲夫編（１９９９）九州の火山．フィールドガイド日本の火山⑤，築地書館，１５２P．

高橋正樹・小林哲夫編（２０００）中部・近畿・中国の火山．フィールドガイド日本の火山⑥，築地書館，１５１P．

高橋啓一（２０１６）ゾウがいた、ワニもいた琵琶湖のほとり．琵琶湖博物館ブックレット①，サンライズ出版，１０９P．

竹村恵二・横山卓雄（１９８９）琵琶湖 1400m 掘削試料の層相からみた堆積環境．陸水学雑誌，50，２４７-２５４．

竹村恵二・岩部智紗・林田明・檀原徹・北川浩之・原口強・佐藤智之・石川尚人（２０１０）琵琶湖における過去５万年間の火山灰と堆積物．第四紀研究，49，１４７-１６０．

脇田浩二・竹内圭史・水野清秀・小松原 琢・中野聰志・竹村恵二・田口雄作（２０１３）京都東南部地域の地質．（５万分の１地質図幅），産総研地質調査総合センター，１２４P．

山崎博史・吉川周作・林　隆夫（１９９４）琵琶湖西岸，古琵琶湖層群基底部コアの層序．地質学雑誌，１００，３６１-３６７．

横山卓雄・松岡長一郎・那須孝悌・田村幹夫（１９６８）古琵琶湖層群下部，特に佐山累層について—近畿地方の新期新生代層の研究，その９—．地質学雑誌，74，３２７-３４１．

横山卓雄（１９６８）鮮新世末期における古琵琶湖の変遷，とくに岩相変化と斜層理から知られる湖水流系を中心として—近畿地方の新期新生代層の研究，その11—．地質学雑誌，74，６２３-６３２．

Yokoyama, T. (1969) Tephrochronology and paleogeography of the Plio-Pleistocene in the eastern Setouchi geologic province, southwest Japan. Memoir of the Faculty of Science, Kyoto University, Siries of Geology and Mineralogy, 36, 19-85．

横山卓雄（１９９１）琵琶湖移動説—琵琶湖の生い立ちと今の琵琶湖—．同志社大学出版部，55Ｐ．

横山卓雄（１９９５）移動する湖、琵琶湖—琵琶湖の生い立ちと未来—．法政出版，３１２Ｐ．

吉田史郎（１９８４）四日市地域の地質．地域地質研究報告（５万分の１地質図幅），地質調査所，81Ｐ．

吉田史郎（１９８７）津東部地域の地質．地域地質研究報告（５万分の１地質図幅），地質調査所，72Ｐ．

吉田史郎・高橋裕平・西岡芳晴（１９９５）津西部地域の地質．地域地質研究報告（５万分の１地質図幅），地質調査所，１３６Ｐ．

吉田史郎・西岡芳晴・木村克己・長森英明（２００３）近江八幡地域の地質．地域地質研究報告（５万分の１地質図幅），産総研地質調査総合センター，72Ｐ．

吉川周作・井内美郎（１９９１）琵琶湖高島沖ボーリングコアの火山灰層序．地球科学，45，81-１００．

吉川周作・山崎博史（１９９８）古琵琶湖の変遷と琵琶湖の形成．アーバンクボタ，no. 37，２-11．

吉川周作・加三千宣（２００１）琵琶湖湖底堆積物による過去40万年間の高精度火山灰編年．月刊地球，23，５９４-５９９．

吉川周作・里口保文・長橋良隆（１９９６）第三紀・第四紀境界層準の広域火山灰層―福田・辻又川・Ｋｄ38火山灰層―．地質学雑誌，１０２，２５８-２７０．

【著者略歴】

里口保文（さとぐち・やすふみ）

滋賀県立琵琶湖博物館　総括学芸員
1970年大阪生まれ。専門は地質学。500万年前から現在までの地層を調べ、過去から現在までの環境や、地盤の成り立ちを研究している。主な著書に「人類紀自然学」（共立出版）、「日本地方地質誌５近畿地方」（朝倉書店）、「生命の湖　琵琶湖をさぐる」（文一総合出版）、「博物館でまなぶ」（東海大学出版会）（いずれも分担執筆）などがある。

琵琶湖博物館ブックレット⑦

琵琶湖はいつできた
―地層が伝える過去の環境―

2018年７月18日　第１版第１刷発行
2019年１月11日　第１版第２刷発行

著　者　里口保文
企　画　滋賀県立琵琶湖博物館
〒525-0001 滋賀県草津市下物町 1091
TEL 077-568-4811　FAX 077-568-4850
発　行　サンライズ出版
〒522-0004 滋賀県彦根市鳥居本町 655-1
TEL 0749-22-0627　FAX 0749-23-7720
印　刷　シナノパブリッシングプレス

ISBN978-4-88325-644-0 C0344
定価はカバーに表示してあります

琵琶湖博物館ブックレットの発刊にあたって

琵琶湖のほとりに「湖と人間」をテーマに研究する博物館が設立されてから2016年はちょうど20年という節目になります。琵琶湖博物館は、琵琶湖とその集水域である淀川流域の自然、歴史、暮らしについて理解を深め、地域の人びととともに湖と人間のあるべき共存関係の姿を追求してきました。そして琵琶湖博物館は設立の当初から住民参加を実践活動の理念としてさまざまな活動を行ってきました。この実践活動のなかに新たに「琵琶湖博物館ブックレット」発行を加えたいと思います。

20世紀後半から博物館の社会的地位と役割はそれ以前と大きく転換しました。それは新たな「知の拠点」としての博物館への転換であり、博物館は知の情報発信の重要な公共的な場であることが社会的に要請されるようになったからです。「知の拠点」としての博物館は、常に新たな研究が蓄積され、新たな発見があるわけですから、そうしたものを「琵琶湖博物館ブックレット」シリーズというかたちで社会に還元したいと考えます。琵琶湖博物館員はもとよりさまざまな形で琵琶湖博物館に関わっていただいた人びとに執筆をお願いして、市民が関心をもつであろうさまざまな分野やテーマを取りあげていきます。高度な内容のものを平明に、そしてより楽しく読めるブックレットを目指していきたいと思います。このシリーズが県民の愛読書のひとつになることを願います。

ブックレットの発行を契機として県民と琵琶湖博物館のよりよいさらに発展した交流が生まれることを期待したいと思います。

二〇一六年　七月

滋賀県立琵琶湖博物館・館長　篠原　徹